职业形象塑造

主 编 洪 玲 欧阳代越 贾 芸
副主编 冒耀祺 金克柔

重庆大学出版社

内容提要

本教材是根据众多高职高专民航服务专业院校联盟的要求进行开发和编写的。教材顺应了服务业发展的新趋势，并结合民航服务人员的工作性质和职业特点，主要从职业形象塑造的概念性内容进行适当阐述，详尽地介绍了职业形象塑造的审美能力、化妆技巧、发型搭配及男士、女士整体职业形象造型等。教材密切结合工作岗位特点，图文并茂、易懂易学，不仅适用于民航服务工作者，也适用于职场工作者，特别是需要学习整体职业形象设计与搭配的职场人士，更为众多爱美人士提供了非常实用的参考资料。

图书在版编目（CIP）数据

职业形象塑造 / 洪玲，欧阳代越，贾芸主编. —重庆：重庆大学出版社，2016.1（2021.2重印）
高等院校航空服务类教材
ISBN 978- 7- 5624- 9588- 8

Ⅰ.①职… Ⅱ.①洪…②欧…③贾… Ⅲ.①个人—形象—设计—高等职业教育—教材 Ⅳ.①B834.3

中国版本图书馆CIP数据核字（2015）第306557号

职业形象塑造

主　编　洪　玲　欧阳代越　贾　芸
副主编　冒耀祺　金克柔
策划编辑：唐启秀　陈　曦
责任编辑：陈　力　　版式设计：唐启秀
责任校对：关德强　　责任印制：张　策

*

重庆大学出版社出版发行
出版人：饶帮华
社址：重庆市沙坪坝区大学城西路21号
邮编：401331
电话：（023）88617190　88617185（中小学）
传真：（023）88617186　88617166
网址：http://www.cqup.com.cn
邮箱：fxk@cqup.com.cn（营销中心）
全国新华书店经销
重庆俊蒲印务有限公司印刷

*

开本：787mm×1092mm　1/16　印张：9.25　字数：185千
2016年1月第1版　　2021年2月第3次印刷
ISBN 978-7-5624-9588-8　　定价：42.00元

本书如有印刷、装订等质量问题，本社负责调换

出版说明

这套教材的开发是基于两个大的时代背景：一是职业教育的持续升温；二是民航业的蓬勃发展。

2014 年 6 月 23 至 24 日，全国职业教育工作会议在北京召开，习近平主席就加快职业教育发展作出重要指示。他强调，要牢牢把握服务发展、促进就业的办学方向，坚持产教融合、校企合作，坚持工学结合、知行合一，引导社会各界特别是行业企业积极支持职业教育，努力建设中国特色职业教育体系。这是对职业教育的殷切期望，也为我们的教材编写提供了信心和要求。

民航业的发展态势非常好，到 2020 年，伴随中国全面建成小康社会，民航强国将初步成形。到 2030 年，中国将全面建成安全、高效、优质、绿色的现代化民用航空体系，实现从民航大国到民航强国的历史性转变，成为引领世界民航发展的国家。民航业井喷式的发展必然导致对航空服务类人才产生极大的需求。而据各大航空公司提供的数据来看，航空服务类人才的缺口非常大。

在这样两个前提下，我们用半年多的时间充分调研了十多所航空服务类的高职院校，向各位老师详细了解了这个专业的教学、教材使用、招生及就业方面的情况；同时，将最近几年出版的相关教材买回来认真研读，并对其中的优势和不足做了充分的讨论，初步拟定了这套教材的内容和特点；然后邀请相关专家到出版社来讨论这个设想，最终形成了教材的编写思路、体例设计等。

本系列教材坚持本土创作和港台相关教材译介并行。首批开发的教材有《航空概论》《民航旅客运输》《民航货物运输》《民航服务礼仪》《民航客舱服务》《民航客舱沟通》《民用航空法规》《民航服务英语》《民航地勤服务》《民航服务心理学》《职业形象塑造》《形象塑造实训手册》。

本套教材具备如下特点：1）紧跟时代发展的脉络，对航空服务人员的素质和要求有充分的了解和表达；2）对职业教育的特点有深刻领会，并依据《教育部关于职业教育教材建设的若干意见》的精神组织编写；3）在全面分析现有航空服务类相关教材的基础上，与多位相关专业一线教师和行业专家进行了充分的交流，教材内容反映了最新的教学实践和最新的行业成果；4）本套教材既注重学生专业技能的培养，也注重职业素养的养成；5）教材突出"实用、好用"的原则，形式活泼、难易适中。

　　本套教材既能够作为高职航空服务类院校的专业教材使用，也可以作为一般培训机构和用人单位对员工进行培训的参考资料。

塑造良好的职业形象既能展示企业的文明程度、管理风格和员工的职业道德水准，也能塑造企业形象。一个人树立良好的形象或是企业树立良好的形象，都会赢得公众的赞誉，这在现代民航企业显得尤为重要。随着全球一体化的推进与发展，我国民航运输业无论是在机场建设速度还是运输规模上，还是旅客人流量的逐年增多方面；无论是从经济迅速发展带给民航运输业的大规模经济效益上，还是从国家大力发展服务业的角度上看，都给民航企业以有效的发展和迅速成长的空间。

我国民航业的发展现状：根据民航局信息统计，截至 2014 年 11 月，运输航空公司为 51 家，通用航空公司 238 家；运输飞机 2 334 架，通用航空器 1 621 架。运输颁证机场数量增至 202 个，其中，千万级机场达 24 个，三千万级机场达 7 个。2014 年 1 至 11 月，全国日均航班飞行量同比增长 9.61%，北京、上海和广州等地的 8 大机场之间航班正常率同比提高 6.1%，2014 年全行业预计实现运输飞行 762 万小时、335 万架次，同比分别增长 10.2%、8.8%。国内航空公司新开国际航线 146 条，中美航线美方一家独大的局面被打破。各地发展民航业的热情高涨，目前全国共有 62 个城市，依托 54 个机场规划了 63 个临空经济区。

中国民航业 2014 年发展势头良好，预计全年完成运输总周转量 742 亿 t、旅客运输量 3.9 亿人次、货邮运输量 591 万 t，同比分别增长 10.4%、10.1% 和 5.3%。如此快速发展的民航业，除了飞机、机场的配套建设外，在人才素质培养方面的应对措施也显得尤为重要。

本教材正是在这一形势下编写和出版的，同时顺应了高等院校航空服务专业广大师生的要求。本教材结合以工作过程为导向的教改实践，在编写体例上做了一些新的尝试，即按照民航服务工作过程分为五大模块、八个单元，每个单元之后配有相应的实训项目及教师技巧讲解，并且在每个单元之后又配有相关的课外知识链接等。真正体现了以能力为核心的教改精神和专业特色，要求教师灵活、具体地把每个项目的详尽要点与操作技巧细致准确地传授给学生。本教材图文并茂，具有较强的针对性，不仅可让个人形象体现出优雅与自然，而且可使其更符合民航服务这一

QIAN YAN

高端职业形象的气质与亲和力。学生在优化就业信心、提升就业机会的同时，更加坚定自己的职业生涯发展之路。教师可根据学生的专业、性别等实际情况，对教材内容有选择性地进行讲授，教学时间建议为 36 课时。

　　本教材的编写者均是各高校从事民航服务教学理论研究和实践教学的第一线老师，均有着丰富的实践教学经验。具体编写工作分工如下：洪玲（武汉商学院）负责第一、二、四单元、前言的撰写以及全书的组稿、统稿工作；欧阳代越（桂林旅游学院）负责第三、五单元的编写；贾芸（武汉商学院）负责第六单元的编写；洪玲、蔡景虹（武汉商学院）合作完成第七单元；冒耀祺、陈云、金克柔（江苏南通农业职业技术学院）合作编写第八单元。在编写过程中，我们参考、引用了相关文献、图片，在此向原著作的专家、学者表示衷心的感谢。同时，特别感谢江苏南通农业职业技术学院、武汉商学院和桂林旅游学院等单位师生的大力支持。本教材在编写过程中还得到了各个学校有关领导及重庆大学出版社编辑的大力协助，在此一并表示感谢。由于编者水平有限，书中疏漏之处在所难免，恳请各位专家、老师和读者批评指正。

编　者

2015 年 7 月

CONTENTS

模块一

形象塑造基础知识

[知识目标] 掌握形象塑造的基础知识，了解职业特点，了解化妆的概念、目的及作用。

[能力目标] 能熟练掌握形象设计的美学原则，掌握人物形象设计的各要素基础，了解形象塑造的含义及特征。

[课前导读] 早在20世纪20年代的中国名校——南开大学就非常注重校风和学生的整体形象塑造，当时南开大学的校训是："面必净，发必理，衣必整，纽必结；头容正，肩容宽，背必直；气象勿傲，勿暴，勿怠；颜色宜和，宜静，宜庄。"当时南开大学的领导者不仅注重学生外在形象的塑造和教育，更注重学生个性气质及心理修养层次的教育和提高，其注重学校校风形象及注重学生个体形象可见一斑，堪称形象设计的典范。

第一单元 »»»»»»»
形象塑造概述

项目一 形象设计的类型与美学原则

一、概念

形象设计（Image Design）一词在百度百科里解释为形象顾问，从事的工作范围是对个人形象进行整体设计、指导。大多以人体色为基本特征和人的面部及身材、气质及社会角色等各方面综合因素，通过专业诊断工具，测试出色彩范围与风格类型，帮助被设计者找到最合适的服饰色彩、染发色、彩妆色、服饰风格款式，从而解决人们的形象问题。

二、分类

形象设计从广义的服务对象上可分为城市形象设计、企业形象设计、人物形象设计、产品形象设计。

对形象设计领域进行细分，可以让我们更为清晰地了解形象设计的概念，每一个领域的形象设计都需要设计者拥有专业知识，才能成为这个领域的真正合格的形象 MOTOMI 设计师。

（一）城市形象设计

城市形象作为一座城市的内在历史底蕴和外在特征的综合体现，是城市总体特征和风格的反映。城市形象设计是指从城市整体社会氛围、文化氛围角度，结合城市的自然地理环境、城市布局、文化传统、地方特色等方面对城市的物质形体空间以及形成和运作的全方位的设计。城市形象设计作为挖掘、提炼、组合城市内外的多种资源，加以策划、设计和实施具体形象工程的一门学问，还缺乏从"神形合一"的角度加以系统论述和研究。

（二）企业形象设计

企业形象设计（Corporate Identity）是指整合企业的经营理念、文化素质、经营方针、产品开发、商品流通等有关企业经营的各类因素，由信息发布这一观点出发，从文化、形象、传播的角度来进行筛选，找出企业具有的潜力、存在的价值以及美的价值加以整合，使企业在信息社会环境中转换为有效的标识，使企业内部对企业的自我识别与企业外部对企业特性的识别认同一致、达成共识。

（三）人物形象设计

人物形象是指人的精神面貌、性格特征等内在特征的外在具体表现，能够引起他人的思想或感情活动。每个人都通过自己的形象让他人认识自己，而周围的人也会通过外在形象作出认可或不认可的判断，人物形象设计并不仅仅局限于适合个人特点的发型、妆容和服饰搭配，还包括内在性格的外在表现，如气质、举止、谈吐、生活习惯等。

形象设计师也称形象顾问，所做的工作是针对每个人与生俱来的人体色基本特征和人的面容、身材、气质及社会角色等各方面综合因素，通过专业诊断工具，测试出最佳色彩范围与风格类型，找到最合适的服饰色彩、染发色、彩妆色、服饰风格款式、搭配方式并根据个人的社会角色需求、职业发展方向和场合规则要素来建立和谐完美的个人形象。为了完成这一目标，形象设计师需要具备色彩、风格、整体搭配等专业技术，还需要掌握造型元素构造、心理学、营销学、沟通技巧以及相关的艺术修养等。从宏观上看，形象设计更应该是从人生战略起步，而不只是局限在技术的实现上。

（四）产品形象设计

产品形象设计是实现企业形象总体目标的细化部分，是以产品设计为核心而展开的系统形象设计，使产品与企业形成统一的感官形象，即产品内在的品质形象与产品外在的视觉形象和社会形象形成统一性的结果。

目前国内形象设计绝大多数还停留在认识的误区，而以形象设计为名的培训机构大部分还是美容美发培训学校、化妆培训学校、色彩研究中心等民办机构。有的培训虽然内容比较丰富，但基本上只是认识一下概论，仍将以美发、化妆、色彩为主要内容的培训称为形象设计，培训水平也是参差不齐，这种不利于发展的现象还需要各相关培训机构和院校去努力消除，行业规范与职业道德也仍需要不断完善。

在国际形象设计的发展带动以及中国各个高等院校形象设计专业的带领下，形象设计行业的课程内容正在不断完善，更多、更好、更新的专业课程也在逐渐开展起来，它们以专业的形象设计教育为目标，为社会不断培养出高质量的形象设计从业人员。对于这个行业，很多时尚爱好者可能开始会觉得有点遥不可及，但通过在学习中不断加深专业素养与自我修养，中国的形象设计专业发展将会越来越先进！

项目二 人物形象设计的美学原则

人物形象设计的全部目的和意义，就是针对个体形象从局部到整体进行全方位的包装和修饰，因此要学习形象设计首先要懂得发现美和欣赏美，要加强审美意识、审美感受和审美能力的培养，这样才能在形象设计中充分展现美感效果。

增加个体美感，首先在于推崇自然，这是总的原则。抛开自然美，盲目追求人工雕琢的美犹如"东施效颦"，是庸俗可笑的，是得不到最佳美学效果的。

人类对于物质和精神追求的最高境界就是美，强调的是美的表现形式展示人们的理想、信念和追求以及美的对象所蕴藏的精神力量。个人形象设计包含着艺术门类中重要的形式美感，以最生动、最直观、最具体化的特点呈现出来。因此个人形象设计作为物质与精神追求的集结形态，向人们展现其特有的审美特征。个人形象设计属于"人"对"人"的设计。个人的形象千差万别，受个人生理性和社会性的差异以及环境的变化等条件制约了形象设计要以生理性和社会性相结合。把握动态的多样性原则，合乎一般美学原则又有其自身特点。

（一）个性化原则

个性主要是指个人先天所具有以及后天磨炼与修养形成的独特的性格、气质、思维方式和行为规律。个性是个人形象魅力的核心所在，也可以说是个人形象的标识与符号。有了个性就有了灵魂，便能将自己的形象激活，给人以强烈的视觉冲击力，形成与众不同的形象符号。时装界较早的女性设计师之一 Coco Chanel 就曾以自己独特的穿着博得关注。她将水手装和水手裤替代女长裙；她用质地薄软的内衣面料创作出诺曼底渔夫式的套装；她将男装稍加修改配以一个恰到好处的饰针，便使其成为新颖的女时装。Chanel 的创造力是具有爆炸性的，她本人的衣着举止也为之被效仿。说起赵本山，大家会想起他的帽子、一张圆脸和一双小眼以及滑稽的表情。在这里，可以说明 Chanel、赵本山在公众心目中的形象已经个性化、符号化。显然视觉识别从符号开始，符号从形象开始，个人形象的个性化是视觉的最佳选择。个人形象越是个性化越容易引起人们的注目，越容易被人们的视觉所接受，当然就越容易被人们所记忆。所以，最具个性化的形象最容易成为人们注目的焦点，其主体最有可能成为人们心中的偶像或明星。

在个人形象娱乐化的今天，超模和明星向来受人关注，他们俨然成了大众的时尚偶像。从某种意义上说，明星们正以比设计师更直接和迅速的方式影响着大众的穿着潮流。久而久之在这个设计师也能成为大明星的时代，大明星反过来创建自己的品牌直接"贩卖"个人风格也是势所必然。

因此，在设计个人形象时要注意突出与强化自己的个性，即善于发现并挖掘出属于自己的独特的形体特征、独特的肢体语言、独特的思维方式、独特的生活方式、独特的兴趣爱好以及具有人情味的性格等。为了凸显与张扬个性甚至不回避个性中某些缺点或不足，但是一定要注意把握适度过犹不及。这样的独特个性更为可信且更容易有自己特定的标识符号。只有独特的、有个性的东西才有存在的价值、才有生命力；相反雷同的、千篇一律的东西没有存在的价值，从而缺乏生命力。所以进行个人形象设计时要注重形象识别的独特性，无论从理念精神到行为规范到视觉识别，都要刻意表现出与众不同的让人易于识别的良好个人形象。

（二）系统性与完整性原则

个人形象设计，必须在统一的目标、宗旨、精神、文化指导下规范化、标准化地表现出一个系统整齐划一的形象，这是形象设计的生命力所在。优良的个人形象绝不是简单的服装设计和美容美发所能代替的，它是由哲学、文化、政治、美学理念综合构成的结构符号体系。作为一个有机整体它是外在的、可见的、可触摸的，包括发型、妆容、服饰搭配等。但是，它又是内在的，不可见的，变化的，即外在形象所表现出来的个人气质、风格等内在形象。总之，只要按照个人形象设计的系统理论进行设计塑造，一个个活生生的个性形象将凸现在我们面前，并展示出无穷的魅力。

个人形象设计还要注意其整体性，PIS（Personal Identification System）即个人形象识别系统的整体性。具体表现在两个方面：一方面 PIS 是理念识别 (MI)、行为识别 (BI)、视觉传达识别 (VI) 的整体性。个人形象应以理念为灵魂、精髓、核心向行为规范、视觉传达设计扩展，三者交相辉映，形成一个有密切内在联系不可分开的整体。但是有些人在设计形象过程中只注重外观设计，忽视理念的构筑和行为的规范，这种本末倒置的做法必然会削弱个人形象的生命力。另一方面是个人的内心活动和对外活动的整体性。因为个人形象设计的过程是对个人形象进行调整和再创造的过程，必然引起个人理念的重新整合和定位；形象设计使个人素质客观化、感性化、视觉化，使个人理念外化为个人行为和视觉传达。这些都必须取得人际关系网络各层面的理解、支持和合作，并依靠它们积极向社会传播，最终获得社会公众的广泛理解、支持和认可，以使个人形象以整体性耸立在公众的心目之中。整体性是指以个人实力展示个人形象，而不是零敲碎击、支离破碎地传递个人形象的某些信息。因此在进行个人形象设计中必须重视整体性设计。

（三）对比性与调和性原则

"对比"是形式美学法则之一。在设计中对比手法的运用无处不在，通过光线的明暗对比、色彩的冷暖对比、材料的质地对比、传统与现代的对比……使设计风格产生更多层次、

更多样式的变化，从而演绎出各种不同节奏的美。"调和"则是将对比双方进行缓冲与融合的一种有效手段。协调是指整体各部分的协调，各子系统的协调含有全局的观点与整体的观点，这是基于各子系统相互配合从而产生最佳效果的深刻内涵。个人形象设计应当强调搭配得当。一个人因为协调而美，五官的协调、服饰的协调、气质的协调、风度的协调使人产生美感。对一个人的形象来说，协调包括三个层次：一是指外观方面的协调，如美容化妆、服饰搭配等的协调，按照每一个人的先天条件进行设计，如发型对脸型的修饰、服装对体型的修饰等。只有搭配得当、对比匀称才能给人以赏心悦目的感觉，从而达到协调美的目的。二是行为的协调，即指行为与动作上的协调。如说与做一致，从而达到协调效果。三是指思想与行为的协调，思想指导行为也就是要心口一致，想的与说的和做的一致才能达到协调美的境界。思想与行为脱节和分离就会成为思想的巨人、行动的矮子，就无所谓协调可言。还必须强调指出的是，个人本身三个层次之间不仅要注意协调，而且还要学会与人协调、与自然协调，才能在人际关系与自然环境中朝气蓬勃、茁壮成长、游刃有余舒适地生活。个人形象设计不仅应当强调协调，还要达到和谐美的目的。要使设计的个人形象与自己所扮演的角色、与集体形象一致，与自己的精神、气质相吻合，还要与本人的发展目标、与所处人际网络、与时代环境相和谐，只有这样才能达到和谐美。

（四）弹性和发展原则

随着信息社会的推进，人际关系交流沟通频率的提高，生活群体更新速度的加快，在不同的场合和环境中，个人形象应富有弹性的风姿美，或含蓄，或潇洒，运用自如适度得体，这种可扬可抑、可进可退的风姿调节能力对个人形象的设计与塑造显得十分重要。这就要求个人形象设计之初就应具有弹性，留有余地，以便让个人形象能自我完美地向前发展，因为任何事物都是在动态中向前发展的。事实上，具有弹性的个人形象具备扩张力和辐射力，能轻易地支持个人向更广、更高、更深的领域进军，使个人形象更丰满、更有特色、更有魅力。

近年来，国外的形象设计体系渐渐进入国内，也使国内的人物形象设计行业有了新的生机，人物形象设计作为一门新兴的综合艺术性学科，正在走进我们的生活。无论是政界要人、商界领袖、演艺界明星，还是平民百姓都希望有一个良好的个人形象展示在公众面前。掌握了人物形象设计的要素，就等于掌握了形象设计的艺术原理，也就等于找到了开启形象设计大门的钥匙。人物形象设计的要素包括：体型要素、发型要素、化妆要素、服装款式要素、饰品配件要素、个性要素、心理要素、文化修养要素等。

1. 体型要素

体型要素是形象设计诸要素中重要的要素之一。良好的形体会给形象设计师施展才华留下广阔的空间。完美的体形固然要靠先天的遗传，但后天的塑造也是相当重要的。长期的健体护身、饮食合理、性情宽容豁达，将有利于长久地保持良好的形体。体型是很重要的因素，但不是唯一的因素，只有在其他诸要素都达到统一和谐的情况下，才能得到完美的形象。

在做个人形象设计的时候，应注意服饰色彩与体型的搭配，色彩在实际应用时，还应注意膨胀与收缩的视觉感受。一般情况下，纯度高的颜色带给人膨胀的感觉，纯度低的颜色带给人收缩的感觉；明度高的颜色带给人膨胀感，明度低的颜色带给人收缩的感觉。

（1）标准型身材

标准型身材特征：拥有平均身高，胸围和臀围相等，腰部大约比胸围小 25 cm。成功的体型弥补方法要达到的目的就是让身材看上去接近标准型的身材。色彩修正是较为容易的方法之一。在适合一个人的色彩群中，有膨胀色，也有收缩色，合理地使用会修正弱点或强调优点，以达到完美的效果；如果使用不当的话，本来适合的颜色强调了一个人的弱点，漂亮的颜色在身上的位置不当，整体色彩形象会失去平衡，就达不到预期的效果了，标准型的身材如图 1-1-1 所示。

图 1-1-1　标准型身材

（2）梨型身材

梨型身材特征：肩部窄，腰部粗，臀部大。弥补方法：胸部以上用浅淡或鲜艳的颜色，使视线忽略下半身。注意事项：上半身和下半身的用色不宜强烈对比，梨型身材如图 1-1-2 所示。

图 1-1-2　梨型身材

（3）倒三角型身材

倒三角型身材特征：肩部宽，腰部细，臀部小。弥补方法：上半身色彩要简单，腰部周围可以出对比色。注意事项：回避上半身用鲜艳的颜色，对比的颜色，倒三角型身材如图 1-1-3 所示。

图 1-1-3　倒三角型身材

（4）圆润型身材

圆润型身材特征：肩部窄，腰部和臀部圆润。弥补方法：领口部位用亮的鲜艳的颜色，身上的颜色要偏深，最好是一种颜色或渐变搭配。注意事项：身上的颜色不宜过多或鲜艳，圆润型身材如图 1-1-4 所示。

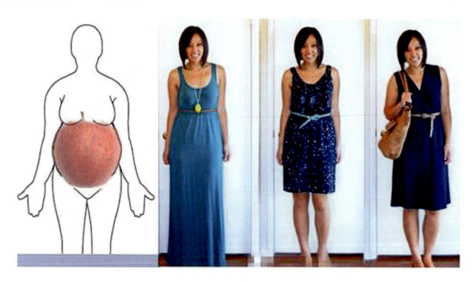

图 1-1-4　圆润型身材

（5）窄型身材

窄型身材特征：整体骨架窄瘦，肩部、腰部、臀部尺寸相似。弥补方法：适合较多使用明亮的或浅淡的颜色，可使用对比色搭配。注意事项：不宜用深色、暗色，窄型身材如图 1-1-5 所示。

图 1-1-5　窄型身材

（6）扁平型身材

扁平型身材特征：胸围与腰围相近，臀围正常或偏大。弥补方法：用鲜艳明亮的丝巾或胸针装饰，将视线向上引导。注意事项：不宜用深色装饰腰部，扁平型身材如图 1-1-6 所示。

图 1-1-6　扁平型身材

2. 发型要素

随着科学的发展以及美发工具的更新，各种染发剂、定型液、发胶层出不穷，为塑造千姿百态的发型式样提供了年龄、职业、头型和个性，而发型的式样和风格又将极大地体现出人物的性格及精神面貌，另外发型的款式也具有修饰脸型，扬长避短的作用。

3. 化妆要素

化妆是传统、简便的美容手段，化妆用品的不断更新，使过去简单的化妆发展到当今的化妆保健，使化妆有了更多的内涵。"淡妆浓抹总相宜"，淡妆高雅、随意，彩妆艳丽、浓重。施以不同的化妆，与服饰、发式和谐统一，能更好地展示自我、表现自我，化妆在形象设计中起着画龙点睛的作用。

4. 配饰要素

饰品、配件的种类很多，颈饰、头饰、首饰、胸饰、帽子、鞋子、包袋等都是人们在穿着服装时常用的。由于每一类饰配所选择的材质和色泽的不同，设计出的造型也千姿百态，能恰到好处地点缀服饰和人物的整体造型。它能使灰暗变得亮丽，使平淡增添韵味。如何选择佩戴服饰，能充分体现人的穿着品位和艺术修养。

5. 服装要素

服装造型在人物形象中占据着很大视觉空间，因此也是形象设计中的重头戏。充分考虑视觉、触觉与人所产生的心理、生理反应选择服装款式、比例、颜色、材质，能体现人物的年龄、职业、性格、时代、民族等特征，同时也能充分展示这些特征。当今社会人们对服装的要求已不仅是干净整洁，而是增加了审美的因素，因人而异，服装会使人的体形扬长避短。

6. 个性要素

在进行全方位包装设计时，要考虑一个重要的因素，即个性要素。回眸一瞥、开口一笑、站与坐、行与跑都会流露出人的个性特点，只有当"形"与"神"达到和谐时，才能创造一个自然得体的新形象。

7. 文化修养要素

人与社会、人与环境、人与人之间是有着紧密联系的，在社交中，谈吐、举止与外在形象同等的重要。良好的外在形象是建立在自身文化修养基础之上的，而人的个性及心理素质则要靠丰富的文化修养来调节。具备了一定的文化修养，才能使自身的形象更加丰满、完善。

8. 心理要素

人的个性有着先天的遗传和后天的塑造，而心理要素完全取决于后天的培养和完善。

高尚的品质、健康的心理、充分的自信，再配以服饰效果，是人们树立自我形象的第一步。

在人物形象设计中，如果将体型要素、服饰要素比作硬件的话，那么文化修养及心理素质则是软件。硬件可以借助形象设计师来塑造和变化，而软件则需靠自身的不断学习和修炼。当"硬件"和"软件"合二为一时，才能达到人物形象设计的最佳效果。

总而言之，个人形象设计是一项系统工程，在进行个人形象设计时，应当对个人形象的各个要素进行研究，探索塑造个人形象的规律和方法，并以此为指导才能将个人形象塑造好，使之更具魅力。个人形象设计包含着艺术门类中重要的形式美感，又以最生动、最直观、最具体化的特点呈现出来。因此，个人形象设计作为物质与精神追求的集结形态，向人们展现着其特有的审美特征。

第二单元 》》》》》》》》
形象塑造材料与工具

项目一　化妆品使用介绍

一、化妆品介绍

（一）脸部的彩妆

1. 妆前乳液（隔离霜）

什么是隔离霜？隔离霜对皮肤的保护起着举足轻重的作用，隔离霜使用的时间应在护肤之后和化妆以前，其能对皮肤起到很好的滋润作用，使妆容效果更加帖服。另外，隔离霜对紫外线和尘垢也有很好的隔离作用。

2. 隔离霜的功能

（1）隔离彩妆

彩妆用品对皮肤有一定的伤害，经常使用彩妆用品会直接导致皮肤晦暗缺乏健康光泽，肤质松弛，滋生暗疮，在化妆前使用隔离霜就是为了给皮肤提供一个清洁温和的环境，形

成一个抵御外界侵袭的防备"前线"。事实上，隔离霜是一个保护化妆、保护皮肤的重要步骤。如果不使用隔离霜就涂抹粉底，粉底会因为堵塞毛孔而伤害皮肤，也容易产生粉底脱落现象。

（2）防晒、隔离空气中的尘垢

在我们不上任何彩妆用品的时候，空气中的尘垢以及强烈的紫外线都会对皮肤造成伤害，而隔离霜的又一功能就是隔离这两大不可抗拒的自然因素。

（3）调整肤色

图 2-1-1　隔离霜

在琳琅满目的隔离霜中，我们可以看到许多不同的颜色，这些不同颜色的隔离霜其作用都是为了调整不同肤质及状态的皮肤，将肌肤调整成最佳状态，使肌肤看起来白皙光亮，隔离霜按颜色来分，可分为绿色隔离霜、紫色隔离霜、肤色隔离霜三大类，如图 2-1-1 所示。

①绿色隔离霜。在色彩学中，绿色的互补色是红色。绿色隔离霜可以中和面部过多的红色，使肌肤呈现亮白的完美效果。另外，还可有效减轻痘痕的明显程度。适合偏红肌肤和有痘痕的皮肤。

②紫色隔离霜。在色彩学中，紫色的互补色是黄色，因此紫色具有中和黄色的作用。其作用是使皮肤呈现健康明亮、白里透红的色彩。适合普通肌肤、稍偏黄的肌肤使用。

③肤色隔离霜。肤色隔离霜不具调色功能，但具有高度的滋润效果。适合皮肤红润、肤色正常的人以及只要求补水防燥、不要求修容的人使用。

3. 品牌隔离霜介绍

①兰芝（Laneige）。品牌创立于 1994 年韩国，大型化妆品集团之一的爱茉莉太平洋集团。

②碧欧泉（Biotherm）。品牌创立于 1950 年法国，欧洲三大时尚护肤品牌，世界大型化妆品公司之一，世界著名品牌，欧莱雅（中国）有限公司出品。

③欧莱雅（LOREAL）。品牌创立于 1907 年法国，世界大型化妆品公司之一，世界著名品牌，世界化妆品行业领先者，欧莱雅（中国）有限公司出品。

④倩碧（Clinique）。品牌创立于 1968 年美国，大型护肤化妆品和香水公司之一，世界顶级化妆品牌，雅诗兰黛（上海）商贸有限公司出品。

⑤植村秀。品牌创立于 1966 年日本，全球最大化妆品集团欧莱雅集团旗下的品牌，行业著名品牌，欧莱雅（中国）有限公司出品。

（二）底色化妆品

1. 粉底

底妆是一切美丽的基础。底妆的精致、持久和完美，一直都是彩妆最本质和最挑剔的追求。一个完美的底妆离不开粉底的选择与手法，它能够很好地调整肤色和增强面部的立体感。

粉底根据质地来分可分为液态粉底、霜状粉底、固态粉底以及干湿两用粉饼。

①液态粉底：液态粉底的配方较轻柔，紧贴皮肤，由于水分含量较多，具有透明自然的效果。如果添加了植物保湿成分或维生素，还具有很好的滋润效果。其优点在于自然与肤色融合，使肌肤看起来细腻、清爽，不着痕迹。其缺点在于单独使用容易脱妆。对瑕疵的遮盖效果不够好。液态粉底适应于油性、中性、干性的皮肤。油性皮肤要选择水质的粉底，中性皮肤则宜选择轻柔的粉底，干性皮肤可以选用有滋润作用的粉底，如图 2-1-2 所示。

图 2-1-2　液态粉底

②霜状粉底：乳霜状粉底有修饰作用，因其属于油性配方，粉底效果有光泽、有张力。其优点在于其滋润成分特别适合干性皮肤，更能掩饰细小的干纹和斑点，在脸上形成保护性薄膜。其缺点是长时间使用容易阻塞毛孔，影响皮肤呼吸顺畅。霜状粉底适用于中性、干性、特干性皮肤，如图 2-1-3 所示。

图 2-1-3　霜状粉底

③固态粉底：现在的固态粉底是以前的油彩粉底经过改良之后的产品，大大降低了油彩粉底的厚重感，优质的固体粉底遮盖效果好且质地细腻，保湿、清爽。其优点在于干爽细腻，颜色均匀，美化毛孔，同时方便随时使用。其缺点是与液态和霜状粉底相比，固态粉底的质地相对比较厚，妆容不够自然，化妆的痕迹感比较重，并且肤质粗糙者涂上去后会粘连角质层。固态粉底适合各种肤质，如图 2-1-4 所示。

图 2-1-4　固态粉底

④干湿两用粉饼：干湿两用粉饼分为干面和湿面两种，分别由干粉和湿粉构成，质地细腻，效果周到。其优点在于干湿两用粉底使用方便，将干粉底扫在面上，能修饰妆容，显得自然通透，而用湿润了的粉扑扑上粉底，则可以营造出细致清爽的效果。而缺点在于经常使用会使皮肤变得干燥。干湿两用粉饼适用于油性及中性皮肤，如图 2-1-5 所示。

图 2-1-5　干湿两用粉底

2. 遮瑕膏（笔）

遮瑕膏（笔）是有着特殊用途的粉底。其不同之处在于遮瑕膏比粉底的遮瑕效果更为明显，其成分与膏状粉底相似。每个人的脸上都会有不同程度的小瑕疵，如色斑、痘印、黑眼圈、粉刺等，这些瑕疵都可以通过遮瑕膏来遮盖。专业的遮瑕膏一般为盒装遮瑕膏，

盒装遮瑕膏一般内装四种不同的颜色，即紫色、橘色、浅肤色、深肤色。紫色遮瑕膏主要用于红血丝、正在发炎的粉刺、青春痘，总体来说适合发红的瑕疵。橘色遮瑕膏主要用于黑眼圈，暖暖的橘色能够综合眼圈周围发青的黑色。而肤色的遮瑕膏主要用于较深颜色的色斑、痘印、痣等，如图 2-1-6 所示。

图 2-1-6　遮瑕膏（笔）

3. 高光色

图 2-1-7　高光色

高光色在颜色的选择上，通常使用比粉底浅一到两个色号的颜色，主要用于提亮脸部的内三角区，例如眉骨、T 区、C 区、额头及下颌，用高光色提亮以上区域，可以使脸部更具立体感，一般用于打立体粉底时使用，特别是在拍摄时，在灯光的反射下，更具立体感，如图 2-1-7 所示。

4. 散粉

散粉即为定妆粉。定妆粉顾名思义其主要作用是定妆。它能够吸收掉多余的油脂，全面调整肤色，令妆容更持久、柔滑细致，并可保持妆容的持久。散粉从颜色上来分可分为

透明散粉与不透明散粉。透明散粉在专业化妆中使用得较多，由于在上定妆粉前，底妆已经操作得较为完美了，这时定妆粉的作用就是使定妆更加持久、不易脱落，因此使用透明的定妆粉效果会很好。而不透明的定妆粉在颜色的选择上要与底妆完全一致，这样也能够与底妆完美贴合，如图 2-1-8 所示。

图 2-1-8　散粉

5. 腮红

腮红是修饰脸型、美化肤色的最佳彩妆用品。在职业妆容中主要以红色系为主。腮红从状态上分，可分为液态腮红、粉末状腮红、粉块状腮红和膏状腮红。液态腮红水分含量较高，在使用时较易晕开，效果自然柔和，使脸蛋由内至外自然透出红润。粉末状腮红与散粉的质地相同，与腮红刷配合使用，较容易扫匀，适用于油性肤质的人群，干性肤质的

人慎用。粉块状腮红是将粉末制成块状，这类粉状腮红含油量较少，其特点与粉末状腮红相似。膏状腮红含有一定的油分，其质地与粉底膏相同，其油性质地容易更好地将色彩与皮肤贴合，在使用时需在定妆前使用，效果更加自然、有光泽，适用于干性肤质的人群，如图 2-1-9 所示。

图 2-1-9　腮红

二、眼部的彩妆

（一）眉毛彩妆用品

1. 眉笔

眉笔从其形态上来区分，主要分为铅笔式眉笔和推管式眉笔两种，推管式眉笔在使用时需将笔芯推出来画眉。眉笔也可从其颜色上来区分，常用的眉笔可分为棕色、深棕色、灰色及黑色，眉笔适合于初学者使用。

2. 眉粉

眉粉是粉状的眉毛彩妆用品，其外形与眼影相似，但通常我们在市面上所见到的眉粉主要由棕色与灰黑色两种颜色构成。眉粉在使用上较之眉笔操控性会难一些，需要使用眉粉刷点蘸眉粉均匀地刷在眉毛上，力度的把握要合适，太轻会不易上色，没有起到修饰眉形的作用；太重又会有太强的痕迹感，给人不自然的感觉。因此建议有一定化妆基础的人使用。

3. 染眉膏

染眉膏可以调整改变眉毛的颜色，适用于眉毛较浓的人群，浓黑的眉毛与头发的颜色很不搭配，染眉膏可以帮助调整眉毛的颜色与头发颜色的统一和谐，在调整颜色的同时，染眉膏的膏状物质还可以将杂乱的眉毛梳顺，使眉毛更加整洁、富有立体感。

眉毛彩妆用品如图 2-1-10 所示。

图 2-1-10　眉毛彩妆用品

（二）眼影

眼影是用于眼周的彩妆用品，通过颜色与光线的关系将眼睛打造出立体感，使眼睛看起来更大、更深邃、更迷人，如图 2-1-11 所示。

图 2-1-11　眼影

1. 从色泽分类

眼影从色泽上来区分，可分为珠光眼影和哑光眼影。珠光眼影是指将眼影中加入银或珍珠亮粉，其亮泽度比一般的眼影更亮。珠光眼影较适合时尚妆容，在眼睛上使用会达到光彩闪耀的效果。但珠光眼影不适合日常生活妆及职业妆，更加不适合眼睛小而肿的人，闪亮的效果会使眼睛看起来更肿，因此在选择时要慎重。哑光眼影是指没有添加任何闪光效果的眼影，是较为常见的一种眼影，也是最好把握的一种眼影，适合所有人群，其又被称为"百搭眼影"。在职业妆容中我们主要推荐大家使用哑光眼影。

2. 从质地分类

眼影从质地上来区分，可分为粉状眼影、膏状眼影、眼影笔。粉状眼影是较为常见的眼影，也是使用较为广泛的眼影。这类粉底需要使用眼影刷配合使用，其优点在于技法上比较好掌握，在眼影晕染的过程中较容易晕开，层次感也比较容易打造，适合初学者使用。其缺点是在长时间带妆时会因为出汗、出油等问题而花妆，粉状眼影适合初学者使用。膏状眼影油脂含量较高，其质地为油状，在使用时需用无名指指腹来推开，膏状眼影的优点在于妆容服帖，不易脱妆，其缺点是用手指来代替工具，如使用不好便掌握不了力度，其范围也不好控制，在层次感的要求上就更加严格，因此膏状眼影适合专业的造型师或有丰富经验的彩妆达人使用。眼影笔是将眼影做成笔的形状，这类眼影适合携带，可用于补妆，但使用眼影笔打造出来的眼妆较生硬，边缘线清晰，痕迹感重，一般在专业彩妆中不提倡使用眼影笔。

（三）眼线

1. 从质地上分类

眼线用品从质地上可分为眼线笔、眼线膏、眼线液，如图 2-1-12 所示。

图 2-1-12 眼线用品

眼线笔从外形看上去如铅笔，笔芯较软，可使用专用卷笔刀或刀片来削除多余的木质，以调整笔头的粗细。眼线笔的优点在于打造出的妆容自然、柔和，在技法上比较好掌握，特别是在打造下眼线时使用更加容易掌控，适合初学者使用。但缺点是笔芯相对于眼线膏和眼线液较硬，在使用时会刺激到娇嫩敏感的眼皮，长时间使用会感到不适，特别是初学者在描画眼线时通常不是一次成功，需要反复多次，更会刺激眼皮。

眼线膏就是膏状的眼线产品。眼线膏是近年来较受造型师青睐的一款眼线产品，它有易上色、妆容自然、持久、质感表现力强，能够和眼影更好地融合等较多优点，但也有其缺点，眼线膏需要配合眼线刷使用，在技法上较难掌控。

眼线液属于液态眼线产品。眼线液在打造眼妆时有持久性好、不宜脱妆的优点，在使用眼线液时眼妆线条流畅、突出、清晰，正是因为有这样的特点才使得眼线液不易与眼影融合在一起，即会显得眼线太过突出，过渡不自然。另外，眼线液因其液态质地，线条描绘不好掌控，一旦出现错误需要修改时，不易修改，因此不太适合初学者使用。

2. 从颜色上分类

眼线用品从颜色上分类又分为黑色系、棕色系、彩色系及白色。黑色系是较为常见也是使用得较多的一类，黑色系的眼线产品适合所有眼形，都能够达到放大眼睛、增强立体感，使眼睛更加深邃的效果。棕色系较黑色系眼线产品，会更加自然，在打造日常生活妆时可以使用。彩色系眼线产品一般是打造创意妆容时使用，体现夸张、另类、创意的效果，不适合职业妆容使用。白色眼线产品主要适用于下眼线的内眼线，也就是下眼皮黏膜处，目的是将白眼球变大，有提亮的效果，通过白色与黑色形成强烈的对比，使眼睛更具立体感。

（四）睫毛膏

1. 从功能上来区分

睫毛膏从功能上来区分，主要分为睫毛打底膏、浓密型睫毛膏和纤长型睫毛膏。睫毛打底膏主要运用于睫毛的定型作用，在使用睫毛夹夹出完美的睫毛弧度时，应立刻使用睫毛打底膏将弧度定型，这样才不会使已经有完美弧度的睫毛快速恢复成原有的状态，将两个眼睛的睫毛都定型后，再根据自己睫毛的情况依次使用其他功能型睫毛膏。浓密型睫毛膏适用于睫毛长但稀疏的人群，使用后能够使睫毛变浓密，但浓密型睫毛膏在涂抹时容易

使睫毛粘结在一起，因此在使用时应在睫毛膏还未完全干透时，使用睫毛梳将其打结的睫毛梳开，这样会使睫毛看起来既浓密又清爽。纤长型睫毛膏适用于睫毛短而较密集的人群，纤长型睫毛膏中通常有人造纤维，可以将每一根睫毛拉长，使双眼更加明亮有神。综上所述，如果睫毛又短又稀疏者，可以将浓密与纤长型睫毛膏搭配在一起使用，为达到更加明显的效果，还可以将两种功能的睫毛膏反复使用，使睫毛变得又长又浓密。

2. 从颜色上来区分

睫毛膏从颜色上来区分，可分为透明睫毛膏、黑色睫毛膏和彩色睫毛膏。透明睫毛膏是指没有任何染色效果的睫毛膏，其主要功能在于能够较长时间地维持睫毛的卷度和弹性，适用于睫毛天生较好者或喜欢自然淡妆的人群。黑色睫毛膏是较为常见的一种，它在完成其功能的同时还能将睫毛染黑，使睫毛看起来更黑更健康。彩色睫毛膏常见的有棕色、蓝色、紫色等，大多用于特殊妆容或创意妆容，能够将睫毛染成自己需要的颜色，有些时尚、前卫、大胆的人士，也会在日常妆容中使用彩色睫毛膏。

三、唇部的彩妆

（一）唇部彩妆分类

唇部彩妆因质地不同可分为唇膏、口红、唇彩、唇蜜。

唇膏能够修饰唇形，具有改善唇色，调整、滋润及营养唇部的作用。唇膏分为粉质唇膏和油质唇膏两种：粉质唇膏的遮盖力强，适合在改变唇形时使用，但这种唇膏会让人感觉较干涩，干性肤质的人群慎用；油质唇膏滋润有光泽，即使在干燥的秋冬季使用也不用担心唇部干燥的问题。口红具有色彩饱和度高的特点，通常有丰富华丽的感觉，极具女人味，且携带涂抹方便，适合任何唇形、任何年龄使用。唇彩质地透明，直接可拿唇棒涂抹双唇，或直接用唇笔蘸取涂抹，不需要强调唇线，但效果不持久，容易脱妆，需要及时补妆。唇蜜颜色非常淡，属于啫喱型，视觉效果是晶莹剔透，但是遮盖力就比较差了，专业化妆师一般都用它和唇膏搭配使用，较少单独使用。其好处是亮晶晶的，适合淡妆、透明妆或者裸装。质地比较黏稠的唇蜜比质地较薄的唇蜜的亮晶晶效果要更好。

（二）唇线笔

唇线笔主要用于勾画唇部的轮廓，有两大作用：塑造更加完美的唇形和防止口红晕开。唇线笔一般搭配色彩饱和度较高的唇膏和口红来使用，初学者应先用唇线笔仔细地勾勒出完美的唇形，再将唇膏或口红涂在嘴唇上，这样能够保证唇线的对称与完整。而对于使用唇彩或唇蜜者则不需要事先使用唇线笔。

项目二　化妆工具使用介绍

一个美丽的面妆当然离不开各种各样的化妆工具，化妆工具主要分为底妆工具、眼妆工具和唇妆工具。

一、底妆工具

（一）粉扑

粉扑分为湿粉扑和干粉扑两类。

1. 湿粉扑（海绵）

湿粉扑用来上粉底，一般有圆形、三角形和圆柱（圆锥）形三种。圆形海绵的特点是质地稍硬，面积大，适合在额头和两颊的位置大面积打底。而其他两种质地要细致些，适合在眼角、鼻翼和嘴角等局部打底。使用不同形状的海绵打底可以使得底妆更加细致。

各种形状海绵的用法如下所述。

①四方形是较为普遍的一款。其大平面可以用来快速推粉，无论是粉底液、粉条、蜜粉或腮红都可以用，均匀效果则主要取决于质地密集程度。而四方形海绵的另一个好处是其有六个上妆面，可以分别用来处理不同的色号，一块便可完成底妆、阴影、提亮、腮红等不同步骤的需求。

②圆形或者椭圆形，上粉快且颜色过滤效果好，用来上腮红或打阴影，速度快且自然。适用于熟练人士，更可利用按压滚轮手法，快速压出苹果肌效果，如图 2-1-13 所示。

图 2-1-13　四方形及圆形海绵

③扁平形，按压效果好，能令少分量的粉底液或干湿粉条达到均匀肤色的效果，且妆效更服帖，大大节省了粉底产品的消耗速度。

④三角形，三角形的锐角切边，适合需要精细处理的地方。例如上眼妆或是修改眼线，以及清洁眼睫毛液的晕化。

⑤葫芦形，底部大圆葫芦较平的底部，用来推粉底，印油光，大葫芦侧面则用来打腮红，上部的小葫芦可以用来上眼影，葫芦顶部会有一个小小的尖形凸起，用来画眼线刚刚好，如图 2-1-14 所示。

图 2-1-14　三角形及葫芦形海绵

2. 干粉扑

干粉扑为丝绒或棉布材质，粉扑上有个手指环，便于抓牢不易脱落，可防手汗直接接触面部，使肤质不油腻反光，均匀温和，如图 2-1-15 所示。

图 2-1-15　干粉扑

（1）粉扑的选择

制作粉扑的材质有很多种，市场上以化纤或混纺材质为多。皮肤敏感的人最好使用100% 棉质粉扑，以减少对皮肤的刺激。

具体的选择如下：如果是出油严重者，建议使用能清爽肌肤并吸走油分的清爽吸油粉扑。其表面比一般粉扑粗糙一点，但又没有很长的毛绒。这种类型的粉扑，定妆时能带走脸上的油，并将粉帖服地附着在脸上。触感柔软的粉扑，表面毛绒比较长的粉扑，接触皮肤感觉非常舒适，一次能取大量的粉，要先将粉扑上的粉弄均匀然后按压在脸上。春夏季妆面追求轻薄，不适用该种类的粉扑。哑光妆面的粉扑，表面细腻而柔软的粉扑，一次取散粉量较少，这样散粉与粉底液在脸上不会造成粉妆"起泥"的现象，附着面积比较均匀，简简单单就可以收到妆面哑光的效果。

（2）粉扑的清洁与保养

①清洁步骤。

a. 先将粉扑彻底弄湿。

b. 再取适量中性肌肤的卸妆乳、肥皂、洁面乳等互相摩擦至起泡。

c. 不断重复按粉扑，直至粉扑上湿粉完全洗去。

d. 放于通风位置自然风干即可。

②粉扑保养。

a. 粉扑清洗之后，不要用手拧，要用毛巾卷起拧出多余水分，然后在阴凉处彻底晾干。

b. 如果清洗之后粉扑与皮肤的触感变得不再柔软舒适，或者当边缘呈现破碎状时，就该更换新的了。

c. 尽量将粉扑独立地装在一个盒子里，以保持其清洁，不与其他彩妆混色。

（二）粉底刷

1. 粉底刷的作用

粉底刷主要用于刷粉底，许多专业彩妆师都是使用粉底刷来打粉底，那是因为粉底刷所打出来的粉底会比较透亮，比较不会有厚重的情形发生。例如要修饰小地方的粉底时就可以使用较小支的粉底刷来做修饰，如图 2-1-16 所示。

图 2-1-16　粉底刷

2. 粉底刷的选择

①软硬度要偏硬、有弹性。

②刷毛密度要丰厚紧密。

③刷毛宽幅约 4 cm。

④刷毛长度约 5 cm。

⑤毛型要呈斜梯形。

⑥握柄要顺手好拿。

⑦材质最好挑选貂毛或合成纤维。合成纤维粉底刷不吸水、高延展度，是其最大优点，而且它释放粉底液的功能极佳，可以很稳定地随着笔刷的运用释放出均匀的粉底液，零浪费地将粉底用到一滴不剩。

（三）散粉刷

1. 散粉刷的作用

用散粉刷蘸上散粉，刷在涂有粉底的脸上，比用粉扑更柔和、更自然，因其能将粉刷得非常均匀，它还可以用来定妆，也可用来刷去多余的散粉。用散粉刷定妆的好处在于，定妆效果轻薄，使妆面效果自然不做作，而且比较节省散粉的用量，如图 2-1-17 所示。

图 2-1-17　散粉刷

2.散粉刷的分类

①大圆头散粉刷：主要用于散粉大面积涂抹达到定妆的效果。

②小圆头散粉刷：多用于粉蜜、闪粉达到提亮与修饰肤色的作用。

③斜三角散粉刷：多用于高光和修容使面部更加有立体感。

3.散粉刷的选择

在挑选散粉刷的时候，应放在脸上或者手背上试用，没有刺激感的散粉刷质量比较好。好的散粉刷毛质的部分柔滑，毛质的排列整齐，有弹性而且厚实。蘸取散粉的时候抓粉能力强，而且抓粉均匀。这样的散粉刷，才是好的散粉刷。

（四）腮红刷

1.腮红刷的作用

腮红刷分为斜角和扁平两种，刷毛顶部呈半圆形。斜角适合用于 T 字部位和颧骨部位的修饰，也称面部轮廓刷。大刷子可用于大面积的上色和刷去多余的蜜粉，以增加腮红上妆效果，并能凸显脸部轮廓。

2.腮红刷的选择

①自然柔和的妆容。选用柔软的刷毛比较好，首选是灰鼠毛的，其次是上等的小马毛。由于刷毛柔软、弹性较差、抓粉能力相对较弱，所以每次取粉都不会很多，上色的时候容易把握，每次少量地往脸上刷，可以达到非常自然晕染的效果。

②色彩强烈鲜明的妆容。选用稍硬的腮红刷，这种腮红刷取粉多、用色范围精确、上妆迅速、对腮红位置和形状的手法把握要求较高，可以选用粗光锋羊毛质地的，其他品牌的尼龙纤维刷质量也不错，纤维刷的特点是容易保养，刷毛软硬度和弹性都适中。

（五）遮瑕刷

遮瑕刷的作用：用来涂抹遮瑕膏，只能针对脸上的小瑕疵，如痘痘、小斑点、黑眼圈，可使脸上看起来更加洁净，如图 2-1-18 所示。

（六）鼻影刷

鼻影刷的作用：用鼻影刷刷出来的鼻影会比较立体、自然，如图2-1-19 所示。

图 2-1-18　遮瑕刷

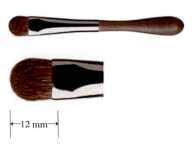

图 2-1-19　鼻影刷

（七）余粉刷

1. 余粉刷的作用

余粉刷也称扇形刷，呈扇形，刷毛分散较开，毛质较硬，弹性较好。余粉刷用于扫掉面部多余的定妆粉或是用于眼影掉渣的清洁。余粉刷一般在彩妆的最后环节用来清除多余粉屑和杂物，也可以在画眼影时挡住下眼帘部位，以防止眼影粉掉落于面部而影响妆容，如图 2-1-20 所示。

图 2-1-20　余粉刷

2. 余粉刷的选择

余粉刷主要有尼龙扇形刷、羊毛扇形刷和貂子毛扇形刷三种。

①尼龙扇形刷。弹性较佳，附着力稍差；毛峰较稀疏，扫粉效果较差，一般用于教学。

②羊毛扇形刷。弹性较差，毛峰密度较高，扫粉效果较好，广泛用于教学和专业化妆。

③貂子毛扇形刷。毛料光滑而富有弹性，触感好，附着性佳，毛峰密度高，外观漂亮，适于教学和专业化妆。

（八）底妆化妆刷的清洁与保养

1. 化妆刷的清洁

第一，用卸妆水或刷具清洁液倒于蜜粉盖中，约薄薄一层完全覆盖的分量，让刷毛蘸取吸附，略微溶解附着的彩妆品。

第二，将天然成分的洗发精倒于盆中混打起泡，再将刷毛充分混绕于泡泡水中。

第三，将刷毛握于手掌中，以重复抓、放的手法，使刷毛中的残留脏污与彩妆完全被清理出来。

第四，再于毛刷尾端，也是较为常接触彩妆品的部位，再次仔细地清洁干净。

第五，用大量清水清洗毛刷，并用干净的水盆完全清理刷毛中的残余清洁剂。

第六，若毛刷因为使用清洁剂而变得太涩，可再用少量护发素稍加理顺毛尾，且同样要以大量清水清洗干净。

第七，取几张纸巾或一条吸水度佳的毛巾，覆盖刷毛按压几次，使水分尽量被吸干后，平放于通风处阴干即可。

2. 化妆刷的平时清洁

多数需蘸染色彩的刷具，平时每次使用完后，只需用面纸将毛刷在上面来回平刷，刷到不再出现颜色即可。

3. 化妆刷的保养

在每周清洁保养方面，毛刷易干的性质，可以避免潮湿发霉发生，也没有动物性刷毛的膻味。动物毛粉底刷触感柔顺、晕染性强，具有其他刷毛无可取代的优越性质，而且它温柔的刷感不伤害肌肤，对于讲究触感和在意脸上皱纹、肌理的女性非常适合。虽然使用初期会有一点点的动物毛发味，但越使用刷毛会越顺且不易变形。

二、眼妆工具

（一）眉拔夹

图 2-1-21　眉拔夹

（1）眉拔夹的作用

通过拔去眉毛的多余杂毛来修整眉形，通过拔的形式，杂毛长出来会比较缓慢，眉形保持的时间也比较长，如图 2-1-21 所示。

（2）眉拔夹的选择

眉拔夹钳头应平整没有空隙，钳身不能太短，否则使不上力。镊子口最好是斜面的，便于控制和操作。

（3）眉拔夹的保养方法

每星期都需使用酒精棉棒清洗钳口，不用的时候要记得戴上小帽子。

（二）修眉刀

修眉刀的作用：修整眉形和大面积去除杂毛时使用，快速无痛，如图 2-1-22 所示。

图 2-1-22　修眉刀

图 2-1-23　修眉剪

（三）修眉剪

1. 修眉剪的作用

修剪过长的眉毛。眼眉是由整排毛组成的，将刀横放，将不要的眉毛一根根剪去，如图 2-1-23 所示。

2. 修眉剪的保养方法

如刀刃口部不干净或带有水分长期放置容易生锈，因此，在使用完后，请用干布抹擦干净，放置于通气低温的地方，长时间不使用的话，请在刀刃口擦上防锈油。

（四）睫毛夹

1. 睫毛夹的作用

睫毛夹用来使睫毛变得卷翘。如果睫毛不易定型，可以使用电睫毛夹，如图2-1-24所示。

图 2-1-24　睫毛夹

2. 睫毛夹的保养方法

与睫毛接触的橡皮垫是最容易脏的部位，每次使用后都应用纸巾擦去所有污垢，每隔一周还需用酒精棉棒擦拭。另外，夹睫毛时太用力也会影响橡皮垫的寿命，所以要轻柔些。睫毛夹上的橡皮垫每隔3～6个月就会老化，如果出现裂纹，就应更换新的，以免伤害睫毛。

（五）眉刷

1. 眉刷的作用

修眉或描眉之前先用眉刷扫掉眉毛上的毛屑，刷出理想的眉毛走势；画眉之后再用眉刷沿眉毛方向轻梳，使眉色深浅一致，自然协调。对于习惯使用眉粉画眉的人来说自然更是必不可少的，如图2-1-25所示。

图 2-1-25　眉刷

2. 眉刷的分类

①牙刷形眉刷。其大部分是由尼龙或人造纤维制成的斜刷头硬刷。修眉及画眉前可用眉刷将眉毛扫整齐，画眉后以眉刷顺眉毛方向轻扫，可使眉色自然，眉形整齐。刷完睫毛膏之后，使用此刷头将睫毛刷出根根分明的效果，刷除结块部分。

②斜角形眉刷。斜角形眉刷分为硬毛眉刷与软毛眉刷两种，软毛眉刷用于蘸取粉状的画眉产品，硬毛眉刷用于蘸取带蜡状的画眉产品。

③螺旋形眉刷。螺旋形眉刷有两种作用：第一个作用是可以刷掉多余的眉粉；另一个作用是可以刷开睫毛上的结块物。

3. 眉刷的保养

在每次使用刷子后，一定要彻底地进行清洁，使用温和的专用清洗剂除了可以有效清除残留粉妆外，还能滋润保养细致的刷毛、保持刷毛的蓬松与柔软。

（六）假睫毛

1. 假睫毛的作用

增强眼睛魅力的绝佳武器，形状也越来越多。

2. 假睫毛的分类

①按材质分为真人毛发和仿真纤维。

②按颜色分为黑色、棕色、羽毛彩色。

③按款式分为整副直线型、交叉型、分散型、撮形、混合型以及下睫毛。

3. 假睫毛的保养

假睫毛虽然纤细精美，却很脆弱，因此，使用时要特别小心。从盒子里取出时，不可用力捏着它的边硬拉，要顺着睫毛的方向，用手指轻轻地取出来；从眼睑揭下时，要捏住假睫毛正当中"唰"地一下子拉下，动作干脆利落，切忌拉着两三根毛往下揪。用过的假睫毛要彻底清除上面的粘合胶，整整齐齐地收进盒里。注意不要将眼影粉、睫毛油等粘到假睫毛上，否则会弄脏、毁坏假睫毛。

（七）眼影刷

1. 眼影刷的作用

眼影刷柔韧有弹性，顺滑易于造型，精巧的弧度有利于描绘眼影，轻轻晕染，塑造立体自然的眼影效果。眼影是化妆的主要标志，也是区别妆型的主要部分。通过眼影的晕染可以调整和强调眼部凹凸结构，调整眉眼间距，调整眼形。同时可以表现妆型的特点，使眼睛显得妩媚动人，如图 2-1-26 所示。

图 2-1-26　眼影刷

2. 眼影刷的分类

①斜角眼影刷。刷长 17.0 cm，毛长 1.4 cm，适合眼角部位，也可用作眉刷。

②大号眼影刷。刷长 16.0 cm，毛长 2.0 cm，毛尖经过圆锥形处理，柔顺、整齐，用于大面积的涂抹，抓粉力强，上色极为均匀。

③中号眼影刷：刷长 16.6 cm，毛长 1.8 cm，适合眼部中小细节处理，柔韧有度，抓粉力强，上色极为均匀。

④小号眼影刷：刷长 16.5 cm，毛长 1.5 cm，适合眼部细节处理，配大号、中号眼影刷更完美。

⑤均粉眼影刷：刷长 17.0 cm，毛长 1.3 cm，适合精雕细琢，追求完美妆颜。

⑥圆头晕染刷：刷长 16.6 cm，毛长 0.7 cm，可带来烟熏妆柔滑细致妆容，完美刷头适合所有眼影，打造迷人眼妆必备产品。

3. 眼影刷的保养及护理

使用专业的刷具清洗剂，倒上几滴，用冷水顺着刷毛的方向冲洗一会儿，再平放阴干就可以了。如果没有专业的清洗剂，每两周将刷具放入稀释了洗发水的温水中浸泡清洗，再用冷水冲净，整理刷毛后平放阴干。阴干后用手指轻弹刷头，恢复刷子的蓬松状态。

（八）美目贴

1. 美目贴的作用

美目贴可让单眼皮变成双眼皮，让眼睛更有神。

图 2-1-27　美目贴

2. 美目贴的分类

①宽的美目贴。小小的半圆形，这种双眼皮贴顺着睫毛的弧度贴。

②窄的呈月牙儿形的美目贴。这种双眼皮贴不能顺着睫毛贴，要顺着理想的双眼皮纹路贴。

③成卷的美目贴。要用剪刀剪出适合自己眼皮的宽度。

（九）双眼皮胶水

1. 双眼皮胶水的作用

只需将胶水画在眼皮上就可让单眼皮变为双眼皮，隐蔽性比较好。

2. 使用双眼皮胶水的注意事项

眼睛周围的皮肤非常薄，也很脆弱。在使用双眼皮胶水时会伤害到皮肤，使眼皮弹性下降。因此，尽量不要使用双眼皮胶水，如果非用不可，也要小心、轻柔地贴。

图 2-1-28　双眼皮胶水

（十）眼影棒

1. 眼影棒的作用

眼影棒类似于棉棒，用于局部上色和多色眼影的晕染，可使眼妆自然。也可用于啫喱状和霜状眼影，椭圆头适合大面积上色推匀，尖头眼影棒适合小面积描画。眼影棒与眼影刷的不同在于，眼影棒画出来的眼妆效果会比较深、比较重。眼影棒比较适合于加重色彩时使用，如图 2-1-29 所示。

图 2-1-29　眼影棒

2. 眼影棒的清洁和保养

如果是海绵棒，每次用后要将上面的眼影粉用手指弹掉，隔三差五要用温水清洗，自然晾干。

眼影棒应放在独立的小盒子中，以免因破损而划伤娇嫩的眼部肌肤；应同时准备 4～5 根眼影棒，并按色系分类，这样可以节省清洗的次数并且不容易混色。

（十一）眼线刷

图 2-1-30　眼线刷

1. 眼线刷的作用

眼线刷外形与唇刷有点相似，但刷头更为纤巧，毛质也较软，适用于眼线液，如图 2-1-30 所示。

2. 眼线刷的分类

眼线刷通常用于膏状或液状的眼线产品，适用于点画眼球周围的高光部位，可使眼球显得更凸一些，使眼睛看上去更富神韵。

常用眼线刷主要有：貂毛眼线刷，尼龙眼线刷和马毛眼线刷。

①貂毛眼线刷。聚合性、弹性及耐久性俱佳，毛峰细而有弹性，普遍用于教学及专业化妆。

②尼龙毛眼线刷。聚合性和弹性较佳，但使用较长时间后，毛尖会呈弯曲的现象，可用于教学及专业化妆。

③马毛眼线刷。聚合性和弹性稍差，一般较少使用。

3. 眼线刷的清洁与保养

因为眼线刷使用的大多是膏状的产品，所以相对眼影刷腮红、刷散粉刷等使用粉质产品的刷子会更难清洁。而且如果不及时清洁，眼线胶在上面结块后，会影响刷毛的走向和毛质，故建议使用完后清洁一下。方法是：将清洁剂滴在化妆棉上，将刷子在上面来回反复地刷，直到刷不出颜色为止。需要注意的是，这种清洁剂是不需要用清水冲洗第二遍的，所以在清洁完成后，只要用干净的纸巾捏住刷毛控干水分就可以存放起来；如果使用的是一般性的眼部卸妆油液就需按照上面的步骤清洁，最后用清水冲洗干净。然后用纸巾控干水分，放在通风的地方晾干。

三、唇妆工具

（一）唇刷

1. 唇刷的作用

毛质较硬，不论是使用唇膏或唇彩，利用唇刷能帮化妆者画出细致的线条，修饰唇形，如图 2-1-31 所示。

图 2-1-31　唇刷

2.唇刷的分类

常用的唇刷主要有貂毛唇刷、尼龙唇刷及马毛唇刷三种。

①貂毛唇刷。聚合性、弹性及耐久性俱佳,毛峰细致而有弹性,用于涂抹唇膏,准确度高,线条平整,可描绘精致唇形,普遍用于教学及专业化妆。

②尼龙唇刷。由高级合成纤维制成,刷毛间隙小,聚合力高,刷毛扁平而长,力度较易掌握,涂抹唇膏时准确度较高,线条平整,可描绘较精致的唇形。缺点是使用较长时间后,毛尖会呈现卷曲的现象,可用于教学及专业化妆。

③马毛唇刷。由天然马毛制成、柔软细致、聚合力佳,但弹性较差。

3.唇刷的保养

唇刷不需时常清洗,否则会使刷毛失去弹性,每次使用后直接在面纸上将残余唇膏擦拭干净即可。但由于唇刷的毛很容易掉,所以注意在清洁时动作要轻柔。

（二）唇印

唇印的作用:外形类似嘴形,用其可以打造完美均匀的唇部色彩。使用仅需要两个步骤,首先将自己喜欢的颜色涂到唇形印章上,然后再将其印在嘴唇上,如图2-1-32所示。

图2-1-32　唇印

【知识链接】

买护肤品还在盲目跟风?其实如果能看懂成分表,事情就会简单很多。不需要懂多少化学知识,给你总结的方法会让你1分钟洞悉成分表的秘密,想要安全且有针对性的保养,你必须要知道下述内容。

1.怎样通过成分大概了解一款产品?

凡是表述正规的全成分表中都存在两个重要的"参照物",那就是防腐剂和胶质成分。这两类成分在配方中的浓度绝对不会超过1%,可以用它们来作为有效成分含量的判断标准,而这个标准也尤其适用于主打植物概念的保养品。

简单来说,如果一款产品中植物提取成分排在卡波姆、黄原胶、苯氧乙醇这些防腐剂和胶质之后,那它所起到的作用就基本可以被忽略,只能被理解是一种宣传概念或是噱头;反之,如果植物提取成分在成分表中的位置远远前于防腐剂和胶质,那添加了这个浓度植物提取成分的保养品就基本可以达到成分本身能起到的护肤作用。

2.如何通过成分选择最适合自己的保养品?

如果需要保湿,选择的保养品中应该含有这些成分:透明质酸、甘油、丁二醇、神经酰胺、牛油果树、矿油、尿囊素、矿物元素等。

如果需要美白,选择的保养品中应该含有这些成分:抗坏血酸及其衍生物、烟酰胺、曲酸、氨甲环酸、光果甘草提取物、熊果苷等。

如果需要抗衰老,选择的保养品中应该含有这些成分:视黄醇及其衍生物、烟酰胺、胜肽、氨基酸肽、玻色因、神经酰胺、大豆异黄酮、酚类等。

如果需要抗痘,选择的保养品中应该含有这些成分:羟基酸、水杨酸、辛酰水杨酸、过氧苯甲酰、杜鹃花酸、葡萄糖酸锌、烟酰胺等。

如果需要舒缓,选择的保养品中应该含有这些成分:积雪草苷、神经酰胺、没药醇、卵磷脂、牛油果树、洋甘菊提取物、芦荟汁、甾醇等。

3.含有哪些成分的产品属于全效型产品?

抗坏血酸(维生素C)及其衍生物、视黄醇(维生素A)及其衍生物、烟酰胺、酵母滤液、凝血酸……这些都属于较为全效的成分,只要达到一定的添加浓度,在美白、抗衰老、保湿方面都有出色的效果。

4.哪些成分可能引起肌肤不适?

水杨酸、果酸、较高浓度的维生素C、维生素A、烟酰胺都有可能引起肌肤不适,所以如果肌肤较为敏感,很容易因刺激而泛红、刺痛,那使用含有这些成分的保养品之前最好先在小面积肌肤区域内试用,确保肌肤耐受后再大面积涂抹。另外值得一提的是,最好不要使用含有苯甲类防腐剂成分的产品,这种防腐剂容易影响肌肤正常的屏障功能以及细胞新陈代谢,从而影响肌肤健康。

5.成分高端的产品一定好用吗?

在选择护肤品时不能只关注成分这一个方面,因为还有很多因素会决定一款产品的安全性和有效性,比如原料品质、制作工艺、生产线标准、配方稳定性等。

6.选购产品时除了看成分表还需要关注哪些方面?

产品的质地以及气味会影响护肤时的愉悦感,而这也会间接影响产品效果的发挥,所以说,在选择那些有大厂牌品质保证产品的前提下,还要亲自试用,感受它与肌肤是否真的契合。

【思考与练习】

1.职业形象塑造包括哪些内容?其职业特征是什么?

2.用图表形式说明服务人员的常用化妆品有哪些以及其使用方法。

3.根据自身的专业需求为自己准备一套合适的化妆品。

模块二

形象塑造的色彩基础

[知识目标] 掌握色彩的基本常识与职业服饰搭配原则，了解色彩搭配规律的运用，了解四季色彩理论的基本知识。

[能力目标] 能熟练掌握服饰与色彩的搭配，运用四季色彩理论知识搭配不同的妆面设计，重点掌握服饰与妆面的整体搭配技巧。

[课前导读] "没有不美的颜色，只有不美的搭配"，妆容和服装色彩的搭配是有一定审美要求的。不同的人适合不同的颜色，所以，在选择颜色时，应根据自身的特点加以选择。色彩和谐的妆容与服装能使人在公众面前反映出自己的心理追求和精神风貌。了解自己的性格特征、外形和风格，发现适合自己的颜色与高明的搭配，两者同等重要。

第三单元 >>>>>>>>>
形象塑造与色彩

形象塑造美学包含了形式美学和色彩美学两大部分。在色彩美学中，首先要了解的就是色彩。而色彩的运用主要体现在服饰及妆面上。我们在搭配服饰或化妆时，只有正确了解和掌握色彩常识、色彩搭配技巧，才能使个人形象更加完美。

项目一　色彩基本知识

人们之所以能够分辨认识宇宙间万物，完全是因为有了光。光是色彩的媒介，光是色彩之源，没有光就没有色彩。物体因其所吸收光波的强弱、长短和方向的不同，而产生的各种变化复杂的颜色，称为色彩。人能够感觉到颜色，是光对人眼作用的结果。色彩就是不同波长的可见光刺激人眼后所产生不同的视觉感觉。

一、色彩的种类

人们习惯上将丰富多样的颜色划分为无彩色系、有彩色系以及特殊色系。

（一）无彩色系

黑、白、灰系列的颜色称为无彩色系。无彩色又称为中性色，是一组给人感觉中庸而又永远时尚的色彩系列。无彩色按照一定的变化规律，可以排成一个系列，由白色渐变到浅灰、中灰、深灰再到黑色，色度学上称此为黑白系列。白色是理想的完全反射的物体所表现出来的颜色，黑色是理想的完全吸收的物体所表现出来的颜色，如图 3-1-1 所示。

图 3-1-1　无彩色系

　　无彩色系的颜色只有一种基本性质——明度。它们不具备色相和纯度的性质，也就是说它们的色相与纯度在理论上都等于零。无彩色系与任何颜色搭配，都会产生很和谐的效果；与任何颜色相遇，都可以提高或降低颜色的明度。任何颜色与黑、白、灰相调，都可以降低颜色的鲜明程度（纯度）。因此在进行形象塑造时需要调色或多种颜色搭配，应当注意到这一特性。

（二）有彩色系

　　有彩色系是指红、橙、黄、绿、青、蓝、紫及其衍化产生的带有颜色的色彩。不同明度和纯度的这七种颜色都属于有彩色系。有彩色是由光的波长和振幅决定的，波长决定色相，振幅决定色调，如图 3-1-2 所示。

图 3-1-2　有彩色系

（三）特殊色系

　　特殊色系即光泽色，是指有光泽的金色、银色以及各种荧光色，如图 3-1-3 所示。光泽色除了金、银等金属色以外，所有色彩带上光泽后，都有其华丽美艳的特色。它们与其他色彩都能配合，几乎达到"万能"的程度。小面积点缀，具有醒目、提神作用，大面积使用则会产生过于炫目的负面影响，显得浮华而失去稳重感。如若巧妙使用、装饰得当，不仅能起到画龙点睛的作用，还可产生强烈的现代美感。

图 3-1-3　特殊色系

二、色彩的基本属性

　　有彩色系的颜色具有三个基本特性，色相、明度、纯度（也称彩度、饱和度）。在色彩学上也称为色彩的三大要素或色彩的三大属性。

　　人们之所以能对丰富多彩的色彩清楚地加以辨别，是因为它们有着各自不同的色调、明度和纯度特征。色调表现色彩的种类，明度表现色彩的深浅，纯度表现色彩的鲜明程度。

（一）色相

图 3-1-4　色相环

色相是指颜色的光谱波长，又称色别，是色彩的"相貌"和"特征"，也是色与色之间的差别。如红、橙、黄、绿、青、蓝、紫等，就是不同波长的色彩被眼睛感知的七种基本色相。每一种颜色都有区别于其他颜色的"外貌"，从而在色谱中反映出不同的波长范围。在各色中插入一个或几个中间色，可以产生几十个或上百个不同的色相。如在黄与绿之间，按照光的波长区分，可以区分出百余种不同的色调。当然，在其他颜色之间也可以依此类推。

一般来说，12 色相环中的各色都有较明确的色相，它们由红、黄、蓝三原色产生橙、绿、紫等间色，再由原色、间色产生复色。12 色相环继而可产生 24、48 等色相环，它们均有鲜明的色彩倾向，可称其为纯色。纯色产生的明度和纯度的变化，构成了丰富的色彩变化，如图 3-1-4 所示。

（二）明度

明度又称亮度，是指色彩的明亮程度，即色彩的浓淡和深浅。色彩的明度可用黑白度来表示，越接近白色，明度越高；越接近黑色，明度越低。黑与白作为颜料，可以调节物体色的反射率，使物体色提高明度或降低明度。

色彩的明度有两种情况：一是同一色相不同明度。如同一颜色在强光照射下显得明亮，在弱光照射下显得较灰暗模糊；同一颜色加黑或加白掺和以后也能产生各种不同的明暗层次。二是各种颜色的不同明度。每一种纯色都有与其相应的明度。例如从 12 色相环图 3-1-4 中可以看到，黄色明度最高，紫色明度最低，其他颜色则依次形成明度的过渡转化。明度在形象塑造中有很重要的作用。人物形象的立体感和轮廓的凹凸结构特征主要靠色彩的明度来实现。

（三）纯度

色彩的纯度又称色彩的彩度或饱和度，是指色彩本身的纯净程度或鲜艳程度。色彩程度越高，饱和度越大，颜色越鲜艳。纯度高的色彩掺白色会提高它的明度，掺黑色则降低明度，但都降低了色彩的纯度。黑色成分和白色成分在此则称为消色成分。颜色纯度的高低主要是因为色彩中的彩色成分与消色成分调和比例的变化：彩色成分越多，色彩纯度越高，因此没有消色成分的三原色纯度最高；消色成分越多，色彩的纯度越低。色彩纯度的高低还与色彩的明度有密切的关系。当明度变化时，纯度也随之改变，明度增大或减小时纯度都降低，只有明度适中时，色彩的纯度最高。

色彩的三个属性不是孤立的，而是相互依存、相互制约的。每一种色彩都具有三个属性。我们在化妆及服装的色彩应用中必须同时考虑这三个因素。

三、色彩的基本术语

色彩的变化是丰富多彩的，同时也有着一定的规律，运用规律进行组合，就会变幻出无穷的颜色。但无论色彩怎样变化，有三种颜色无法用其他颜色调配出来，这三种颜色即是所谓的原色。

（一）原色

原色又称为基色，也称第一次色，是世界上最单纯的颜色，无法由其他颜色混合而成。原色是用以调配其他色彩的基本色，色纯度最高，最纯净、最鲜艳，可以调配出绝大多数的色彩。原色分为色光三原色和颜料三原色，色光三原色为红、绿、蓝三种基本色；颜料三原色为红、黄、蓝三种基本色。在形象塑造中主要是使用妆容和服装等色彩，所以这里着重讲解的是颜料三原色，即红、黄、蓝色，如图 3-1-5 所示。

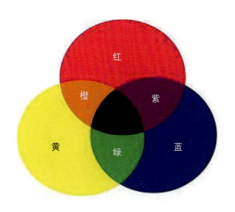

图 3-1-5　原色（颜料三原色、三间色）

①间色。间色是由三原色中任何的两种原色以同等比例混合调和而形成的颜色，也称第二次色，如图 3-1-5 所示。例如：

红＋黄＝橙色；

红＋蓝＝紫色；

蓝＋黄＝绿色。

②复色。复色是用原色与间色相调或用间色与间色相调而成的"三次色"，也称"复合色"。复色是最丰富的色彩家族，千变万化，丰富异常，复色包括了除原色和间色以外的所有颜色。

（二）同类色

同类色是指同一色相、色彩的纯度与明度不同，也就是一类色系有深浅之分的色彩。以 24 色相环来划分，色相环中相距 45° 角，或者彼此相隔两三个数

图 3-1-6　24 色相环

位的两色为同类色关系，属于弱对比效果的色相，如图3-1-6所示。同类色色相主调十分明确，是极为协调、单纯的色调，能起到色调调和、统一，又有微妙变化的作用。

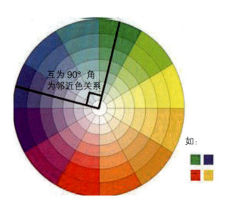

图 3-1-7　邻近色

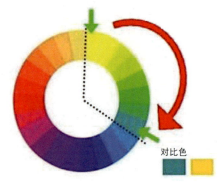

图 3-1-8　对比色

图 3-1-9　互补色

（三）邻近色

邻近色是指色相环上距离接近的色彩，左右相邻的处于60°～90°的颜色，也是类似色关系，仅是所指范围缩小了一点。例如，红与橙黄、蓝与绿等，如图3-1-7所示。邻近色的搭配令人感觉稳定安全、柔和自然。

（四）对比色

对比色是指三个原色间的相互对比，如红色与黄色、黄色与蓝色、红色与蓝色的对比。在色相环上处于120°～150°的任何两种颜色属于对比色，如图3-1-8所示。互相进行搭配具有鲜明、强烈、饱满、丰富、活泼、明快的效果。

（五）互补色

互补色是指色相环上呈180°相对的两个颜色（或色相环中直径两端的颜色）均为互补色。如绿色与红色、蓝色与橙色、紫色与黄色，如图3-1-9所示。

互补色中两色对峙、对比，相互排斥，视觉比感觉强烈炫目，有刺激和冲击力，相对于对比色更为完整、强烈，更富有刺激性。互相进行搭配具有夸张、另类、个性、华丽、妖艳的效果。

（六）色调

色调又称为色彩的调子，是指色彩群外观色的总的色彩倾向，即色彩的感觉，色与色之间的整体关系构成的颜色阶调，其是由占主要面积的色彩决定的。

在进行形象塑造时，色调是构成色彩统一与协调的重要因素。色调是由色相、明度、纯度、色性等因素决定的。

从色相上分，色调有红色调、蓝色调、黄色调等。

从明度上分，色调有亮色调、暗色调、灰色调。

从纯度上分，色调有鲜色调、浊色调。

（七）色性

色性是指色彩的冷暖属性。在色彩学上，根据心理感受将颜色分为暖色调、冷色调和中性色调。

1. 暖色调

立体色、高纯度色、亮色，使人产生亲密、温暖、热烈、兴奋、向上、向前的感觉。如红色、橙色、黄色等，如图 3-1-10 所示。

2. 冷色调

收缩色、低纯度色、暗色，则会使人产生距离、凉爽、深沉、抑制、平静、向后的感觉，如蓝色、紫色、绿(青)色等，如图 3-1-10 所示。

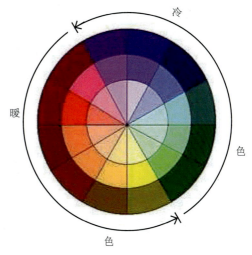

图 3-1-10　暖色调与冷色调

项目二　服饰搭配与色彩

在形象塑造过程中，服饰起到了至关重要的作用，而色彩的选择和搭配是取得较好效果的重要因素之一。不同的色彩随便凑合在一起会显得很不协调；只能按一定规律进行搭配才能创造出服饰色彩的整体美与和谐美，给人以舒适和赏心悦目的感觉。

一、色彩三大属性的搭配规律

（一）色彩色相对比搭配

色彩色相对比搭配是指色彩明暗程度的对比搭配，又可以分为冷色系、暖色系对比搭配。色相搭配越远，效果越好，对比色搭配越近则效果越好越强，色相、明度、纯度分

别按一定次序渐变，产生柔和渐变感。色相单纯的搭配，有素雅、恬静的效果；色相较多的搭配显得热闹、花哨；色相对比强烈的搭配给人以活泼动人之感；色相类似的搭配，有稳健单调的效果；冷暖搭配可使人视觉平衡。

因此，所谓暖色搭配和冷色搭配，其实是相对的，是由于各种色彩给予人不同的心理感觉而产生的效果。例如暖色艳丽、醒目，有温暖、膨胀、前进、扩张的感觉，容易使人热情、兴奋、情绪激动；冷色庄重、神秘、冷静，或具有收缩、后退、安静、平和的感觉，使人感觉清爽或沮丧。另外，冷色系在暖色系的点缀下，会显得更加冷艳。例如，冷色系的紫色运用暖色系的亮橙色稍作点缀，则衬托出冷艳的感觉。同样，暖色在冷色的衬托下，也会显得更加温暖。例如，橙红色服装搭配一条淡绿色丝巾，会给人以热情洋溢的感觉。

（二）色彩明度（深浅）对比搭配

色彩明度对比搭配是指色彩中明暗程度产生的对比搭配效果，又称深浅对比搭配。明度在色彩学中占有举足轻重的地位，是配色时必须首先考虑的。色彩的层次感和空间关系主要靠色彩的明度对比来表现。因为明度有强弱之分，所产生的效果是不同的：颜色反差加大时，明度对比强烈，凹凸效果明显，立体感强，例如黑白搭配；反之，颜色反差小时，明度效果比较弱，凹凸效果不明显，淡雅含蓄，柔和自然，例如淡粉色与黄色、浅灰色与乳白色等。

浅色给人的视觉感觉是膨胀、前进。当穿上色泽明亮的衣服时，会使人显得比较胖，所以较适合瘦的人穿。相反，深色给人的视觉感觉是收缩、后退。当穿上这些色泽深暗的衣服来，会显得瘦一点，因此比较适合胖身材的人穿着。

（三）色彩纯度对比搭配

色彩纯度对比搭配是指由于色彩纯度差别形成的搭配效果，用以产生艳丽或浑浊类型的色调。高纯度而色相疏远的色彩搭配，对比强烈，鲜艳夺目，效果明艳而跳跃，引人注目，活泼生动、艳丽，但不能持久注视；低纯度而色相疏远的搭配，色彩浅淡，柔和模糊，朴素大方，效果含蓄但是单一；运用纯度对比搭配时，要分清用色的主次关系，避免产生凌乱、灰闷、单调的效果。

高纯度与低明度的搭配，产生沉重、稳定、坚固、生硬、杂乱、刺激、炫目的感觉，称为硬搭配；低纯度与高明度的搭配，产生柔和软绵、含混单调的感觉，又称软搭配。

二、服装色彩搭配方法

（一）统一法色彩搭配

统一法色彩搭配采用同一色调的颜色，将同种颜色或邻近颜色搭配起来，产生一种和谐、自然的色彩美，可取得端庄、沉静、柔和、文静、稳重的服装效果，适用于气质优雅的成熟女性，如图3-2-1所示。统一法色彩搭配分为同种色搭配法和邻近色搭配法。

1. 同种色搭配法

同种色搭配法是将同一类颜色中深浅不同的两种颜色相配，即同一色相由于明度变化而产生的浓淡深浅不同的色调。如青色与天蓝色、墨绿色与浅绿色、咖啡与米色、深红色与浅红色、深灰色与浅灰色等，在搭配时需要注意色与色之间的明度差异要适当，相差太小或太近的色调容易缺乏层次感；相差太大或对比太强烈的色调易于割裂整体。

2. 邻近色搭配法

邻近色搭配法是指将色谱上相近的色彩搭配起来，如红色与橙黄色、黄色与草绿色、黄色与橙色、绿色与蓝色等邻近色相配，需要注意色彩之间纯度和明度上的相互衬托关系，在相配置的几种颜色中应有主次、虚实的强弱之分。

（二）呼应法色彩搭配

呼应法色彩搭配是指在选择搭配的单品时，在已有的色彩组合中选择其中任一颜色作为与之搭配的颜色，在前与后、上与下、内与外之间呼应装饰，给人以整体、和谐、统一的美感。呼应法色彩搭配的具体处理手法可以体现在内衣与外衣、上衣和下裙、衣服与配件、衣服与装饰的呼应上，进而使服装色彩的整体与局部、前与后、内与外、上与下之间相互搭配，浑然一体。例如，绿色的连衣裙和西瓜红色的外套，配上绿色的腰带，使服装色彩的整体与局部相互搭配，如图3-2-1所示。又如，身着桃红色套裙与黑色打底衣，配上黑色手提包与黑色的衣领和袖口，这种黑、红的内外与上下呼应，产生整体协调的效果，如图3-2-1所示。

图 3-2-1 呼应法色彩搭配1　　图 3-2-2 呼应法色彩搭配2

（三）对比法色彩搭配

对比法色彩搭配就是将不同色调或色相的颜色组合在一起，以达到对比或衬托的效果。这种配色有比较强烈的对比效果，能在刺激人视觉感官的同时，产生出强烈的审美效果。对比色搭配时，可以将两个相隔较远的颜色相配，如黄色与紫色、红色与青绿色。此时需要注意对比色之间面积的比例关系，一般来说，全身服饰色彩的搭配避免1：1的比例，一般以3：2或5：3为宜；对比色搭配时也可将两个相对的颜色配合，如红色与绿色、青色与橙色、黑色与白色等是永远的经典，如图3-2-3所示。此时一般是面积大的颜色要求

图 3-2-3　对比法色彩搭配

图 3-2-4　点缀法色彩搭配 1

图 3-2-5　点缀法色彩搭配 2

其纯度和明度低一些，而面积小的颜色其纯度和明度高一些。

（四）点缀法色彩搭配

点缀法色彩搭配就是在统一主色调的基础上，加上非常醒目的小色块作为点缀，起到画龙点睛的作用。运用好点缀色彩的装点，可以打破沉闷的单一色调的局面，如图 3-2-4 所示。采用点缀法色彩搭配时，衣服最好选用简洁大方的款式来给配饰留下展示的空间，服装上的点缀色应该鲜明、醒目、少而精，一般用各种胸花、发夹、丝巾、徽章等。如可以将丝巾与自己的服饰搭配让人注意脸部；可利用胸针来展示女性的浪漫情怀；可以利用金银亮色配饰打破黑色衣服的沉闷，如图 3-2-5 所示；也可以利用亮丽的背心让灰色套装产生视觉美感。

（五）分割法色彩搭配

分割法色彩搭配是有层次地运用主色、辅助色、点缀色的色彩搭配方法。首先，要确定一种起主导作用的主色。主色是整套服饰的基调，通常是指套装、风衣、大衣、裤子、裙子的颜色，一般占全身面积的 50% 以上。其次，要选择辅助色，辅助色是与主色相搭配的颜色，通常是单件的上衣、外套、衬衫、背心等的颜色，一般占全身面积的 40% 左右。最后，要选择点缀色，点缀色一般只占全身面积的 10% 左右。点缀色可以是为了起到画龙点睛作用的服饰点缀物，例如丝巾、鞋、包、饰品等点缀物的颜色；也可以是为了起到缓解对比颜色缓冲过渡作用的调和色。例如，一件灰色中长上衣作为基调，紫红色衣裙作为辅助色服装，采用蓝色皮带作为点缀色，使之缓冲过渡来冲淡色调，取得调和的效果，如图 3-2-6 所示。不同色泽或面料加以巧妙的搭配，这种配色具有浪漫情调。

（六）衔接法色彩搭配

衔接法色彩搭配就是让对比色通过中性色（如黑、白、金、银等色）的过渡，产生色彩连接的感觉。这样的色彩搭配法会让人感到整体协调、气质优雅，如图 3-2-7 所示。

图 3-2-6　分割法色彩搭配　　　　图 3-2-7　衔接法色彩搭配

三、服装色彩搭配的技巧

（一）服装色彩与季节搭配

服装色彩要与自然界季节变化同步。春季万象更新，服装宜选择明快艳丽的色彩；夏天烈日骄阳，服装宜选择宁静的冷色或能反射阳光的浅色；秋天硕果累累，服装宜选择沉稳、饱满、中性的颜色；冬季气候寒冷，服装宜选择与季节相搭配的浅色颜色或用强烈的色彩组合来增添活力的鲜艳颜色。

（二）服装色彩与环境搭配

服装色彩要与环境相对应。休息时要采用淡雅的、浅淡的服装色彩来缓和紧张的情绪；参加宴会时要采用浓艳或庄重的服装色彩来烘托隆重的气氛；参加会议时要以黑色、灰色、蓝色等服装颜色来烘托严肃的气氛。

例如，办公室职员适合穿中性色，如黑色、藏青色、灰色、褐色、咖啡色、米色、白色等，原因如下所述。

其一，在办公场所，穿着中性色可让人专心致志，易于平心静气地处理各种问题，营造沉静的气氛；反之，穿着高纯度的色彩往往会影响他人工作时注意力的集中。

其二，职业装穿着的环境多在室内，人们在有限的空间里总希望获得更多的私人空间，穿着中性色的色彩会减少拥挤感，因为纯度低的中性色具有后退感和收缩感；反之，穿着高纯度的色彩往往会产生强烈的拥挤感。

其三，中性色更容易与其他颜色相互协调，有助于形成协同合作的气氛；反之，穿着高纯度的色彩会表现出极强的个性，并与其他颜色不易调和而陷于孤立，特别在男同事较多的时候尤其明显。

其四，中性色给人以谦逊、宽容、成熟的感觉，职业女性借用这种色彩语言更易受到

他人的重视和信赖。

（三）服装色彩与性格搭配

每个人都会根据自己的性格和喜好选择不同的服色。性格外向者多选择暖色调，如红、黄等色彩，不宜选择色泽灰暗的色调；个性内向的人通常偏于冷色调，而不宜选择大红大紫等特别鲜艳的服装色彩；理智恬静的人常偏爱白、蓝等服装颜色；天真纯洁的少女偏爱淡色，如粉红色等。

（四）服装色彩与肤色搭配

服装色彩对人体肤色能起到美化的作用。肤色偏黑者通常不宜选择深暗色调，最好与明快的、洁净的服装色彩相配，如浅黄色、浅蓝色、米色、象牙色等；肤色偏白者不宜选择冷色调，最好选择淡橙红色、柠檬黄色、苹果绿色、紫红色、天蓝色等色彩明亮、纯度偏高的色彩组合；皮肤偏黄者避免采用强烈的黄色系，最适合明快的酒红色、淡紫色、蓝紫色等服装色彩；肤色偏红者要避免浅绿色或蓝绿色，适合选择淡色系和深色系两种服装色彩系列。

（五）服装色彩与面料搭配

服装面料是服装色彩得以体现的载体，面料由于纤维成分、织造结构及表面肌理的不同而呈现不同的效果，同一种颜色放置在不同的面料上会使色彩明度不同。表面光滑的纤维的色彩强度要大于粗糙的纤维，斜纹的色彩强度要大于平纹。在进行服装配色时，应对服装面料特质作理性科学的分析，选择出适合不同材质的色彩搭配。

四、服装色彩搭配需要注意的问题

服装色彩搭配应注意以下几个方面的内容。

（一）注意平衡问题

在进行服装色彩搭配时，必须注意衣服色彩的整体平衡以及色调的和谐。通常浅色衣服不会发生平衡问题，下身着暗色也没有太大的问题，如果是上身暗色，下身浅色，鞋子就扮演了平衡的重要角色，比较恰当的选择是暗色。

（二）三色原则与统一原则

①三色原则。着装时，在正式场合色彩以少为佳，即控制在三种色彩之内。

②统一原则。着装时，在色彩上应做到两个统一，即服装各种搭配的色彩和谐统一；服装和服装佩饰的色彩和谐统一。佩饰的色彩要服从服饰的色彩，使整体的色彩达到"变化当中有统一，统一当中有变化"。

（三）简单的素色搭配

刚开始研究配色时，不妨从单色的同色系着手，也就是用同一色调的深浅互相搭配，这种搭配法容易达到调和的效果，也是最不容易失败的配色法。然后再试着以素色配其他的素色。如果在素色中加上一条碎花丝巾或三色皮带，就有画龙点睛之妙。素色搭配有心得之后，再试着配花纹格子条文和图案。

根据色彩学原理，黄色皮肤的人穿着白色、灰色、酒红色、黑色、蓝色、咖啡色比较优雅、古典，与肤色能够配合。这是否意味着别的颜色就不能穿了呢？绝对不是的，只是白色等色彩比较不容易出差错罢了。

项目三　四季色彩理论与形象塑造实例分析

四季色彩理论是由色彩第一夫人、美国的卡洛尔·杰克逊女士（全球最权威的色彩咨询机构 CMB 公司的创始人）创立，并迅速风靡欧美，后由佐藤泰子女士引入日本，并研制成适合亚洲人的颜色体系。1998 年，该体系由色彩顾问于西蔓女士引入中国，并针对中国人的特征进行了相应的改造，并首次引进和传播了"色彩顾问""个人色彩诊断"等国际最新色彩应用技术和概念。四季色彩理论给世界各国女性的着装带来了巨大的影响，同时也引发了各行各业在色彩应用技术方面的巨大进步。

一、四季色彩理论的内容

在大千世界里，用肉眼可以分辨出的颜色有 750 万～1 000 万种之多，究竟哪一种、哪一类颜色才是属于自己的呢？四季色彩理论的重要内容就是将生活中的常用色按基调的不同进行冷暖划分，进而形成四大组自成和谐关系的色彩群。由于每一色群刚好与大自然四季色彩特征吻合，便把这四组色彩分别命名为"春""秋"（为暖色系）和"夏""冬"（为冷色系）。

这个理论体系对人的肤色、发色和眼球色的"色彩属性"（色相）同样进行了科学分析，并按明暗（明度）和强弱（纯度）程度，将人区分为四种类型，并为其分别找到了和谐对应的"春、夏、秋、冬"四组装扮色彩，如图 3-3-1 所示。

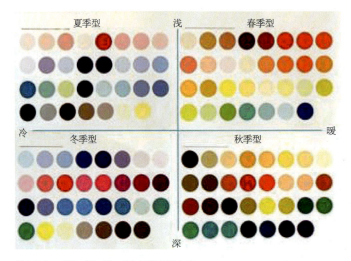

图 3-3-1 "春、夏、秋、冬"四组装扮色彩

二、四季色彩理论的应用

四季色彩理论最大的成功之处在于它解决了人们在装扮用色方面的难题。一个人如果知道并学会运用自己的色彩群，不仅能把自己独有的品位和魅力最完美、最自然地显现出来，还能因为通晓服饰间的色彩关系而节省装扮时间、避免浪费。重要的是，由于清楚什么颜色是最能提升自己的，什么颜色是自己的"排斥色"，那么便会在任何时候轻松驾驭色彩，科学而自信地装扮出最漂亮的自己，如图 3-3-2 所示。

图 3-3-2 四季色彩理论的应用

三、实例

（一）实例 A　春季型人的服饰搭配技巧

春季色彩属于明亮鲜艳的颜色群。万物复苏，百花待放。柳芽的新绿，桃花、杏花的

粉嫩……一组明亮、鲜艳的俏丽颜色给人以扑面而来的春意，令人愉悦，构成了属于春天的一派欣欣向荣的景象。

1. 春季型人的特征

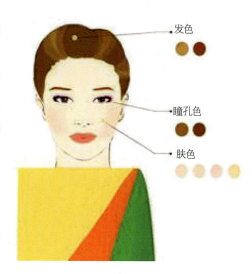

春季型的人与大自然的春天色彩有着完美和谐的统一感。他们往往有着玻璃珠般明亮的眼眸与纤细、透明的皮肤，神情充满朝气，给人以年轻、活泼、娇美、鲜嫩的感觉。春季型的人用鲜艳、明亮的颜色打扮自己，会比实际显得更年轻，如图 3-3-3 所示。诊断方法如下所述。

①肤色特征。浅象牙色、暖米色，细腻而有透明感，红晕呈珊瑚粉色。看起来比实际显得年轻，太阳下暴晒容易产生雀斑。

②眼睛特征。眼睛像玻璃球一样熠熠闪光，眼珠为亮茶色、黄玉色，眼白感觉有湖蓝色。

图 3-3-3　春季型人的特征

③发色特征。明亮如绢的茶色，柔和的棕黄色、栗色，发质柔软。

④嘴唇特征。呈珊瑚色、桃红色，自然唇色突出。

2. 春季型人的服饰搭配技巧

（1）春季型人选择颜色的要点

①春季型人属于暖色系，选择颜色不能太旧，太暗。在色彩搭配上应遵循鲜明、对比的原则来突出自己的俏丽。春季型人的服饰基调属于暖色系中的明亮色调，使用范围最广的颜色是黄色，如选择红色时，则以橙色、橘红为主，如图 3-3-4 所示。

②春季型人适合带黄色调的饱和、明亮的蓝色。浅淡明快的浅绿松石蓝、浅长春花蓝、浅水蓝适合鲜艳俏丽的时装和休闲装；

图 3-3-4　春季型人的服饰搭配

而略深一些的蓝色，如饱和度较高的皇家蓝、浅青海军蓝等，适合职场。穿蓝色时与暖灰、黄色系相配为佳。

③用黄基调扮出明亮可爱的形象，如图 3-3-5 所示。

图 3-3-5　使用黄基调

春季型人有着明亮的眼睛，白皙红润的肤色，最适合以黄色为基调的各种明亮、鲜艳、轻快的颜色。例如亮黄绿色、嫩黄色、杏色等，都可作为主要用色穿在身上，突出轻盈朝气与柔美魅力同在的特点，令春季型人更有朝气，活力四射。

（2）重新认识春季型人的"黑白灰"

①对春季型人来说黑色将不再"安全"。过深、过重的颜色与春季型人白色的肌肤、飘逸的黄发会出现不和谐音，使春季型人显得十分黯淡。如果现在衣橱里还有深色服装，可以将春季色群中那些漂亮颜色的配饰靠近脸部下方，与之搭配起来穿着。

②春季型人适合的白色是淡黄色调的象牙白。在炎热的夏天穿上象牙白的连衣裙，搭配上橘色的时尚凉鞋与包，鲜明的对比会让春季型人俏丽无比。

③春季型人在选择灰色时，应选择光泽明亮的银灰色和由浅至中度的暖灰色；注意让它们与桃粉、浅水蓝色、奶黄色相配，会体现出最佳效果。

图 3-3-6　春季型人的搭配方式 1

（3）春季型人的几种搭配方式

①春季色彩群中保守的浅驼色服装，可同时与其他鲜艳的浅绿松石、淡黄绿色、清金色、橘红色相互组合搭配，给人以清新的感觉，如图 3-3-6 所示。

②春季型人运用鲜艳的浅绿松石色作为主色，同时与鲜艳的奶黄色、桃粉色进行组合，可很好地表现出主色、辅助色、点缀色之间的搭配关系。可体现出春季型人活泼的性格，如图 3-3-7 所示。

③在秋冬季，春季型人可将驼色作为裙装的颜色，上半身可以多用春季鲜艳、明亮的色彩进行搭配，以突显春季型人明艳动人的气质，如图 3-3-8 所示。

图 3-3-7　春季型人的搭配方式 2

图 3-3-8　春季型人的搭配方式 3

（二）实例 B　夏季型人的服饰搭配技巧

夏季色彩属于柔和淡雅的颜色群。碧蓝如海的天空，静谧淡雅的水乡，轻柔写意的水彩画……是大自然赋予夏天的一组最具表现清新、淡雅、恬静、安详的色彩。

1.夏季型人的特征

夏季型人拥有健康的肤色、水粉色的红晕、浅玫瑰色的嘴唇、柔软的黑发，给人以非常柔和、优雅的整体印象，给人以温婉飘逸、柔和亲切的感觉。如同一潭静谧的湖水，会使人从焦躁中慢慢沉静下来，去感受清静的空间，如图 3-3-9 所示。诊断方法如下所述。

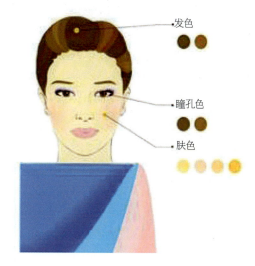

图 3-3-9　夏季型人的特征

①肤色特征：粉白、乳白色皮肤，带蓝调的褐色皮肤，小麦色皮肤，红晕呈淡淡的水色或冷玫瑰色，容易被晒黑。

②眼睛特征：目光柔和，整体感觉温柔，眼珠呈焦茶色、深棕色。

③发色特征：轻柔的黑色、灰黑色，柔和的棕色或深棕色。

④嘴唇特征：唇色偏淡色系。

2.夏季型人的服饰搭配技巧

（1）夏季型人选择颜色的要点

①夏季型人属于冷色系，选择颜色要柔和、淡雅。自然界夏天中的常春藤、紫丁香花

图 3-3-10　夏季型人的服饰搭配

以及夏日海水和天空等浅淡的自然颜色，最能够与夏季型人的肤色相融合，构成一幅柔和素雅、浓淡相宜的图画。夏季型人适合穿着深浅不同的各种粉色、蓝色和紫色，以及有朦胧感的色调。在色彩搭配上，最好避免反差大的色调，适合在同一色相里进行浓淡搭配，如图 3-3-10 所示。

②夏季型人适合柔和且不发黄的颜色，选择黄色时，一定要慎重，应选择让人感觉稍微发蓝的浅黄色。黄色系、咖啡色系等无论怎样流行，夏季型人都不要试着尝试。因为在这些颜色的映衬下，夏季型人的肤色会显得黄暗无光。选择红色时，以玫瑰红为主。

③用蓝基调扮出温柔雅致的形象，如图 3-3-11 所示。

图 3-3-11　使用蓝基调

夏季型人适合以蓝色为底调的轻柔淡雅的颜色，这样才能衬托出其温柔、恬静的个性。颜色的深浅程度应在深紫蓝色、浅绿松石蓝之间把握；或者在蓝灰、蓝绿、蓝紫等相邻色相里进行浓淡搭配。深一些的蓝色可做套装；浅一些的蓝色可做衬衫、T 恤衫、运动装或首饰。但注意夏季型的人不太适合藏蓝色。

（2）重新认识夏季型人的"黑白灰"

①夏季型人不适合穿黑色，过深的颜色会破坏夏季型人的柔美，可用一些浅淡的灰蓝色、蓝灰色、紫色代替黑色以制作上班的职业套装，可给人以既雅致又干练的感觉。

②夏季型人适合乳白色，在夏天穿着乳白色衬衫与天蓝色裤裙搭配有一种朦胧的美感。

③夏季型人穿灰色非常高雅，但注意选择浅至中度的灰；不同深浅的灰与不同深浅的紫色及粉色搭配最佳。

（3）夏季型人的几种搭配方式

①以蓝灰色为主色调，运用适合夏季型人的浅淡渐进搭配或相邻色搭配原则，选用浅淡柔和的颜色制作衬衣、毛衫和连衣裙。使人感觉清爽迷人，如图 3-3-12 所示。

图 3-3-12　夏季型人的搭配方式 1

②紫色是夏季型人的常用色，选择鲜艳的紫色制作套装，用夏季型色彩群中其他颜色进行组合搭配，可以穿出与众不同的柔美感觉，如图 3-3-13 所示。

图 3-3-13　夏季型人的搭配方式 2

③选择蓝紫色作为裤子，上半身选择了色彩群中的浅紫色、淡蓝色、浅蓝黄、浅正绿色，既有浓淡搭配，又有相对柔和素雅的对比搭配，显现出夏季型人知性的一面，如图 3-3-14 所示。

（三）实例 C　秋季型人的服饰搭配技巧

秋季色彩属于浑厚浓郁的颜色群，是最为典型的收获色彩。秋天的红叶漫山遍野，金灿灿的麦穗，一切景色看起来是那样华丽、厚重、浓郁。

1. 秋季型人的特征

秋季型人有着瓷器般平滑的象牙色或略深的棕黄色皮肤。眼神沉稳，头发呈深棕色。给人以雅致、温暖、时髦、

图 3-3-14　夏季型人的搭配方式 3

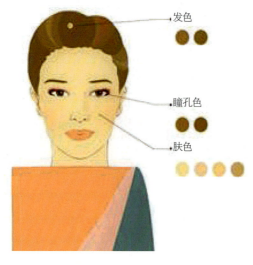

图3-3-15 秋季型人的特征

稳重的感觉，是四季色彩中最成熟、华贵的代表，如图3-3-15所示。诊断方法如下所述。

①肤色特征：瓷器般的象牙白色皮肤，深橘色、暗驼色或黄橙色，不易出现红晕，没有油光，肤质很柔软。

②眼睛特征：深棕色、焦茶色，眼白为象牙色或略带绿的白色。

③发色特征：褐色、棕色、铜色、巧克力色。

④嘴唇特征：唇色较深，常见为棕红、橙红色。

2. 秋季型人的服饰搭配技巧

（1）秋季型人选择颜色的要点

①秋季型人属于暖色系，最适合的颜色要点是温暖、浓郁。适合的色系是秋季大自然的颜色，就像深秋的枫叶色、树木的老绿色、泥土的各种棕色以及田野上收割在即的成熟色调。这些深色采用同一色系的浓淡搭配。当

图3-3-16 秋季型人的服饰搭配

然，也可以在相邻色系里采用对比搭配来体现其独特的另一面。由于对深色运用自如，故秋冬最宜搭配。春夏时节，注意选择自然的麻色、浅黄、浅绿中偏暖的颜色，同样能穿出不一样的味道。过于鲜艳的颜色，会使皮肤显得死板、没有血色、缺乏生气，如图3-3-16所示。

图3-3-17 使用金基调

②秋季型人常用的颜色包括棕色、金色、橙色、凫色、苔绿色以及带珠光的颜色，在选择红色时，一定要选择砖红色和与暗橘红相近的颜色。这些色彩也是秋季型人的最佳代表色，可将其自信与高雅的气质烘托到极致。在服装的色彩搭配上，不太适合强烈的对比色，只有在相同的色或相邻色的浓淡搭配中才能突出华丽感。

③用浑厚浓郁的金色调扮出成熟高贵的形象，如图3-3-17所示。

　　金色是秋季型人非常适合的颜色，浓郁而华丽的颜色可衬托出秋季型人成熟高贵的气质，越浑厚的颜色越能衬托出秋季型人陶瓷般的皮肤。

　　（2）重新认识秋季型人的"黑白灰"

　　①秋季型人穿黑色会显得皮肤发黄，秋季色彩群中的深砖红色、深棕色、凫色和橄榄绿都可用来替代黑色和藏蓝。

　　②秋季型的白色应是以黄色为基调的牡蛎色，在春夏季与色彩群中稍柔和的颜色搭配，会显得自然而格调高雅。

　　③灰色与秋季型人的肤色排斥感较强，如需穿着，一定要挑选偏黄或偏咖啡色的灰色，同时注意用适合的颜色过渡搭配。

　　（3）秋季型人的几种搭配方式

　　①选用湖蓝色系，又名凫色，与秋季色彩群中的金色、棕色、橙色搭配，可烘托出秋季型人的时尚，如图 3-3-18 所示。

图 3-3-18　秋季型人的搭配方式 1

　　②秋季型人的晚装适合金色、绿松石色、橙红色，与金色的饰品相配，可突显华丽，如图 3-3-19 所示。

　　③秋季型人用驼色系与棕色、橙色、米色、象牙色相搭配，在较正式的场合可显示出秋季型人的成熟稳重，如图 3-3-20 所示。

图 3-3-19　秋季型人的搭配方式 2　　　　　　图 3-3-20　秋季型人的搭配方式 3

（四）实例 D　冬季型人的服饰搭配技巧

冬季色彩属于冷峻、惊艳的色彩群。冬天洁白雪花覆盖的大地与漫漫无尽的黑夜都鲜明地存在着，缤纷耀眼的圣诞树上那些大红大绿的装饰与纯白色的雪花遥相呼应，标明了冬季色群热烈、分明、纯正的性格……

1.冬季型人的特征

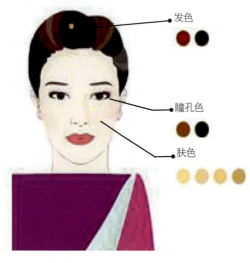

图 3-3-21　冬季型人的特征

冬季型人有冷白肤色和带青色的黄褐肤色之分，面部很少有红晕，如果有也多为玫瑰色系。眼睛乌黑发亮，目光锐利有神。头发一般为光泽感十分好的黑色。面部特征呈现强烈对比关系。冬季型人给人亮丽、冷艳、醒目、有权威的感觉。黑发白肤与眉眼间锐利鲜明的对比给人以深刻的印象，充满个性、与众不同，如图 3-3-21 所示。诊断方法如下所述。

①肤色特征：青白色或略暗的甘蓝绿、带青色的黄褐色，不易出现红晕。

②眼睛特征：眼睛黑白分明，目光锐利，眼珠为深黑色、焦茶色。

③发色特征：乌黑发亮黑褐色、银灰色、酒红色。

④嘴唇特征：唇色红润。

2.冬季型人的服饰搭配技巧

（1）冬季型人选择颜色的要点

①冬季型人属于冷色系，最适合纯色，在各国国旗上使用的颜色都是冬季型人最适合

图 3-3-22　冬季型人的服饰搭配

的色彩。冬季型人选择适合自己的颜色的要点是：颜色要鲜明、纯正、光泽度高。无彩色以及大胆热烈的纯色系非常适合冬季型人的肤色与整体感觉。冬季型人着装一定要注意色彩的对比，只有对比搭配才能显得惊艳脱俗，要避免轻柔的色彩，如图 3-3-22 所示。

②冬季型人选择红色时，可选正红、酒红和纯正的玫瑰红。要避免浑浊、发旧的中间色。穿着深灰、藏蓝、纯黑等深色时，一定要有对比色出现，如果失去颜色之间或同一颜色之间的深浅对比，则会显得黯然失色、

毫无特色。若在颈间加一条鲜艳的纯色丝巾或衬衣领，配上银色系首饰，冷艳明丽的感觉立刻显现。

　　③用原色调扮出冷峻惊艳的形象，如图3-3-23所示。冬季型色彩基调体现的是"冰"色，即塑造冷艳的美感。原汁原味的原色，如倒挂金钟紫、明黄、正红、正绿、宝石蓝、黑、白、灰等为主色，冰蓝、冰粉、冰绿、冰黄等皆可作为配色点缀其间。深浅及反差搭配，可装扮出冷峻、惊艳的形象。

图3-3-23　使用原色调

　　（2）重新认识冬季型人的"黑白灰"

　　在四种季型中，只有冬季型人最适合使用黑、白、灰这三种颜色，也只有在冬季型人身上，"黑白灰"这三个大众常用色才能得到最好的演绎，并真正发挥出无彩色的鲜明个性。但一定要注意的是，在穿深重颜色的时候一定要有对比色出现。

　　①冬季型人适合纯白色。纯白色是国际流行舞台上的惯用色，通过巧妙的搭配，会使用冬季型人显得神采奕奕。

　　②深浅不同的灰色冬季型人都能穿用，与色彩群中的玫瑰色系搭配，可展现出冬季型人的都市时尚感。

　　③黑色是冬季型人制作裤装的专利，同时与鲜艳明亮的颜色搭配，是冬季型人经常使用的明度对比手法。

　　（3）冬季型人的几种搭配方式

　　①藏蓝色也是冬季型人的专利色，适合作为套装、毛衣、衬衫、大衣的用色，以突显出典雅而脱俗的气质，如图3-3-24所示。

　　②以鲜艳、纯正的正绿色为例，冬季型人可以大胆尝试让其与冰绿色、柠檬黄、蓝色、红色进行搭配，给人以惊艳的感觉，如图3-3-25所示。

图 3-3-24　冬季型人的搭配方式 1

图 3-3-25　冬季型人的搭配方式 2

③选择基础色中的灰色作为主色调，可与冬季型色彩群中的白色、亮蓝色、亮绿色、柠檬黄、紫罗兰色相互搭配，穿出时尚亮丽之感，如图 3-3-26 所示。

图 3-3-26　冬季型人的搭配方式 3

【实训项目】

实训内容	操作方法	基本要求
1.服装色彩搭配的六种方法	1.把学生分成小组，各小组分别进行统一法、呼应法、对比法、点缀法、分割法、衔接法服装色彩搭配 2.各小组搭配完成后，口述此搭配方法及其效果特点 3.小组之间相互点评	1.教师须先讲解并示范 2.分小组进行实操训练，对学生提出要求，并指导学生的注意事项 3.小组操作后需有点评
2.服装色彩搭配的技巧	1.将学生分成小组，各小组分别进行服装色彩与季节、环境、性格、肤色、体型、面料的搭配 2.各小组搭配完成后，口述此搭配方法及其效果特点 3.小组之间相互点评	
3.四季色彩理论	1.学生分小组进行讨论，分析自己属于哪个季节 2.根据自身特点搭配适合自己的服装 3.各小组点评，并发表感受、分享经验	

【知识链接】

当人们看到某种色彩时，常会将这种色彩与生活环境或有关事物联想到一起，这种思维倾向称为色彩的具体联想或抽象联想。色彩的抽象联想属于比较感性的思维，有时也会偏于心理的感觉效果。几种色彩心理辐射的心理效应如下所述。

1.红色

红色是暖色系的代表。见到红色，就容易联想到红日、烈火、钢花、红旗、热血，引起热烈、兴奋、高涨、向前、扩张、喜庆、危险的心理感觉，会使人精力充沛、热情奔放、感情丰富。

2.黄色

黄色在古代被推崇为帝王之色，象征权力、华贵、崇高和威严。它是色彩中最亮的颜色，给人以明亮、温和、干净、轻快、富丽、崇高、愉快的感觉。由于黄色易见性高，也经常被用作警告色，例如交通标志中的黄色警告灯。

3.蓝色

蓝色是最令人遐想的色彩，蔚蓝的天空，湛蓝的大海。具有透明、清凉、深邃、理智的特征，可表现出宁静，使人镇定自若。

4.绿色

绿色可使人联想到山川、绿树、春天，绿色表达的主题是生命，是一种令人感到年轻、希望、安全、和平、安详、恬静、稳重、温和与清新的颜色。这种颜色能让人产生无限遐想，

它给人以青春活力和喜悦之感。

5.橙色

橙色鲜明夺目，有华贵富丽、温暖之意味，体现出活泼和光辉、富丽而温柔的感觉。

6.紫色

紫色是冷色系的代表。紫色象征着高贵、威严、浪漫、神秘感，代表着权力，表现出贵族意识，同时也会给人以多愁善感、焦虑不安的感觉。偏暖紫色有沉着安定、高贵之感；偏冷的深紫色常让人产生孤独的感觉。

7.黑色

黑色与白色、灰色被称为中性色。给人以严肃、庄重、深沉、收缩、向后的感觉；常常让人产生压抑、悲哀、人心险恶的联想；黑色，也会给人以高贵、雍容、脱俗的感觉。黑色可以隐匿许多的缺点。

8.白色

白色与黑色、灰色一起在色彩学中被称为中性色。白色是纯洁之色，总是将之与白雪、新娘、护士联想在一起。白色纯净、素雅、干净、明亮，给人以纯真、神圣、明快、轻盈的感觉。

9.灰色

灰色是中庸之色，它给人以朴素、随和、谦虚、温顺的感觉。灰色，特别是中性灰，它具有与任何颜色相搭配的多样性。

10.金银色

有光泽的金属色总是让人联想到金光闪闪和辉煌。金色具有高贵、雍容、华丽的感觉，象征着权力和富有。银色雅致高贵，象征纯洁、信仰，比金色温和。

【思考与练习】

1.掌握色彩的基本知识，并对自身进行服装色彩的选择和搭配。

2.正确掌握四季色彩理论，并分析自身的色彩属性。

3.根据身边所熟悉的人的特点，为他们进行服装搭配。

模块三

形象塑造妆容设计

[知识目标] 了解标准脸型与非标准脸型的特征，掌握三庭五眼的基本概念，了解五官比例与面部美的标准，掌握服务人员的化妆基本技能与化妆技巧。

[能力目标] 能熟练掌握服务人员不同肤色类型与化妆技巧，熟练掌握化妆基本程序与化妆技巧。

[课前导读] 有这样一句话："世界上没有丑女人，只有懒女人。"近来网络上常流传出明星素颜照片，其实，素颜的明星亦泯然众人矣。采取合乎规则的化妆步骤和技巧，可以对我们的面部、五官及其他部位进行渲染、描画、整理，以增强立体印象，调整形色，掩饰缺陷的手法与技能是我们需要掌握和了解的。化妆能表现出女性独有的天生丽质，使其焕发风韵，增添魅力。成功的化妆能唤起女性心理和生理上的潜在活力，增强自信心，使人精神焕发，还有助于消除疲劳，延缓衰老。在化妆前，有很多同学担心自己长相不好、眼睛小、鼻子塌，怕画不好妆，但又喜欢化妆这门课程，那么怎样才能做到让自己最大化的美，最能体现出自己的优势呢？

第四单元 »»»»»»»
标准脸型与面部基本特征

化妆是审美文化的一个组成部分，只有在认识美、知道美、了解美后，才能对化妆有较大的帮助，现代的审美标准呈现出更为广泛的趋势，人们越来越能够欣赏不同风格的美，我们要做的就是对审美的标准加以不断地扩充和完善，赋予时代的气息，这样才能更适应我们所生活的时代，使大家产生共鸣。

项目一 认识标准脸型的面部比例特征

一、职业形象设计的目的

化妆是人们为了适应实用、场合、环境、礼仪和特定的情景需要而改变自身形象。在现实生活中，完美的人少之又少，人们总是具有这样或那样的不足之处，出于对美好形象的追求，人们可利用化妆的方法来掩盖自身的缺点。在文明社会日益成熟的过程中，人们为了体现自身的兴趣、修养、个性，或模仿心目中的完美形象，通常采用化妆造型来实现。在现实社会中，人们会处于不同的环境中，扮演不同的社会角色，这就要求人们从外形上能够符合各种身份的变化，并进行适当的形象包装，完美合适的形象造型会对人们的社会生活起到良好的推动作用。职业形象设计的作用主要表现在下述三个方面。

（一）美化容貌

人们化妆的根本目的是为了美化自己的容貌，美丽的容貌能够使自己在工作、生活中心情愉悦。通过化妆，能够调整肤色、增强皮肤的质感，使眼睛更加有神、明亮，富有神韵；使眉毛更加整齐而生动，使气色看起来更加红润健康，使嘴唇更加红润饱满。总之，通过娴熟的化妆技巧和时尚的化妆理念，可以突出自己的个性，使自己在不同的职业、不同的角色中有更佳的表现。

（二）增强自信

得体的形象设计是人们对外社交和社会活动的必备品。俗话说："美丽让人自信，自信的人最美。"得体的化妆及整体形象设计在给人们增添美感的同时，也增强了自信心。对于职业形象设计来说，在社会活动、社会角色丰富的今天，一个人的整体形象不仅仅代表个人，更代表的是公司或单位的形象，得体的整体形象往往能够给公司或单位带来更多的商机，同时也能够给自己树立良好的形象和自信。因此，职业形象设计能够带给人们自信。

（三）弥补缺陷

化妆可以通过色彩的对比以及色调的明暗光影造成视觉上的错觉，从而达到弥补缺陷的目的。如通过化妆，能够使不完美的脸型得到一定程度的改善，能够使小眼睛的人拥有大而有神的眼睛，使扁塌的鼻梁看上去更加挺拔，使憔悴的面容更加红润健康，使杂乱无章的眉毛更加有型。但是在化妆的过程中，我们要明确一个观念，在弥补不足的方面，我们只能做到从视觉上去改变它，而不能像整形那样从事实上去抹掉它。

二、标准脸型特征

脸型，顾名思义，就是指面部轮廓的形状。脸的上半部是由上颌骨、颧骨、颞骨、额骨和顶骨构成的圆弧形结构，下半部则取决于下颌骨的形态。这些都是影响脸型的重要因素，而颌骨在整个脸型中起着极其重要的作用，是决定脸型的基础结构。

每个人的脸型是无法改变的，对于不同的脸型，采用不同的化妆方法却能发挥特殊的效果，以增添其美丽。

下面将介绍七种常见的脸型特征。

1. 椭圆脸

椭圆脸又称鹅蛋脸，是中国人最标准的脸型。基本特征：额头至下巴底端线条弧度流畅，整体轮廓均匀；额头宽窄适中，与下半部平衡均匀；颧骨中部最宽，下巴呈圆弧形，没有突出的面骨，曲线丰满舒畅，此种脸型的女性给人以和蔼可亲之感，如图 4-1-1 所示。

鹅蛋脸和长脸的区别在于鹅蛋脸横向与眼睛的比例刚好是脸颊宽度的五分之一，纵向是额头、鼻子到下巴也刚好是相等的。

2. 圆脸

圆脸脸型的面部特征相当于汉字"田"和英文字母"O"，

图 4-1-1　椭圆形脸

图 4-1-2 圆形脸

圆面颊圆润。基本特征：额头、脸颊和下巴呈圆弧形，脸短，颊圆、颧骨结构不突出，脸部肌肉饱满，中间三等分较短，脸长与宽比小于 4 ：3。此种脸型的女性看上去活泼可爱，不够成熟，显得稚嫩。但要修改成理想的椭圆形并不困难，如图 4-1-2 所示。

3. 方形脸

图 4-1-3 方形脸

方形脸脸部棱角比较突出，相当于汉字"国""口"，化妆时要注意增加柔和感，以掩饰脸上的方角。基本特征：线条比圆形脸生硬，突出上额角与下颌角转折明显，并且明显偏宽，下颌骨明显突出而方正，面部线条平整有力、脸短、感觉刚强、坚硬（男性居多）、缺乏女性柔美。方形脸线条较直，颧额与下颌宽而方，角度转折明显，脸型长与宽相近，如图 4-1-3 所示。

4. 由字形脸

图 4-1-4 由字形脸（三角形脸）

由字形脸又称三角形脸，相当于汉字"由"和图形"△"，基本特征：稳重；上额角两侧过窄、下颌骨宽大而突出；整个脸型呈三角状，如图 4-1-4 所示。

5. 长形脸

图 4-1-5 长形脸

长形脸有长偏方型，像汉字"用"；有长偏圆形，像汉字"风"。基本特征：整个脸颊消瘦，不够饱满，脸型的纵向比明显长于横向比，三庭普遍偏长，额头、腮部及下巴轮廓比较方硬（长偏方的）。这种脸型的人给人以稳重、成熟、可靠、有工作能力的感觉，但缺乏青春女性的柔美，如图 4-1-5 所示。

6. 申字形脸

申字形脸又称菱形脸。这种类型的女孩子会给人以比较敏感、纤细，有点清高，不易接近的感觉。基本特征：脸型的纵向比明显大于横向比，三庭普遍偏长，两额角尖，消瘦，锁骨突出、下颌尖而长，整个面部有主体感，如图 4-1-6 所示。

图 4-1-6　申字形脸（菱形脸）

7. 甲字形脸

甲字形脸又称心形脸，这种脸秀气，显得单薄，柔弱，纯情，如果太瘦会给人以久病初愈之感。基本特征：上额宽而明显、下巴尖削、脸部消瘦，如图 4-1-7 所示。

图 4-1-7　甲字形脸（心形脸）

项目二　"三庭五眼"五官比例及外部特征

"三庭五眼"是人的脸长与脸宽的一般标准比例，不符合此比例，就会与理想的脸型产生距离。现如今，在"三庭五眼"的基础上出现了一个更为精确的标准，各个部位皆符合此标准，即为美人，具体如下：眼睛的宽度，应为同一水平脸部宽度的 3/10；下巴长度应为脸长的 1/5；眼球中心到眉毛底部的距离应为脸长的 1/10；眼球应为脸长的 1/14；鼻子的表面积，要小于脸部总面积的 5/100；理想的嘴巴宽度应为同一水平脸部宽度的 1/2。

一、三庭五眼

在面部正中作一条垂直的通过额部—鼻尖—人中—下巴的轴线；通过眉弓作一条水平线；通过鼻翼下缘作一条平行线。这样，两条平行线就将面部分成 3 个等份：从发际线到眉间连线；眉间到鼻翼下缘；鼻翼下缘到下巴尖，上中下恰好各占 1/3，谓之"三庭"。而"五眼"是指眼角外侧到同侧发际边缘，刚好一个眼睛的长度，两个眼睛之间呢，也是一个眼睛的长度，另一侧到发际边是一个眼睛长度，这就是"五眼"，如图 4-2-1 所示。

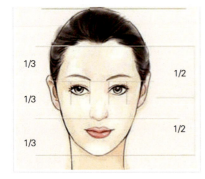

图 4-2-1　标准的东方美女"三庭五眼"图

图 4-2-2　"五眼"示意图

所谓"三庭五眼"，是对人的面部长宽比例进行测量的一种简单方法和标准，也是用以衡量一个人的面部长相是美还是丑的审美尺度，符合此标准则美，反之则不美，正如身体的黄金分割比例一样，符合此比例的身材怎么看都是美的。所以，单凭面部"零部件"精美还够不上美丽，还得看"拼装"是否恰到好处，是否符合"三庭五眼"的比例。

三庭是指从前额中央发际线开始到下巴尖之间的距离，共分为 3 等份，从发际线到眉毛的距离为第一等份，从眉毛到鼻端的距离为第二等份，从鼻端到下巴的距离为第三等份，这相等的三部分被称作"三庭"。

五眼是指从左耳到右耳之间的距离，共为五只眼睛的长度。两只眼睛本身为两个单位，两眼之间为一个眼长，两眼外侧各一个眼长，共是五个眼长（指从正面看），如图 4-2-2 所示。

如果鼻端至下巴的距离与上面二庭不等，就会形成明显的短或长下巴；如果眉毛到鼻端的距离长于另外两个等份，就会形成长鼻子；如果两眼间距离小于一只眼长，鼻梁就会显得太窄；如果两眼间距离宽于一只眼的长度，就会显得五官布局松散，缺乏紧凑感，如"兔子眼"看上去怪怪的。因此，放眼望去，从古至今大凡称得上美女的女子，她们的面部比例无一不符合"三庭五眼"的审美标准。正所谓"增之一分则长，减之一分则短"。有的人虽然面部"零部件"不够漂亮，但面部比例很协调，所以很耐看。

二、四高三低

在垂直轴上，一定要有"四高三低"。"四高"：第一高，额部；第二高，鼻尖；第三高，唇珠；第四高，下巴尖。"三低"分别是两个眼睛之间，鼻额交界处必须是凹陷的；在唇珠的上方，人中沟是凹陷的，美女的人中沟都很深，人中脊明显；

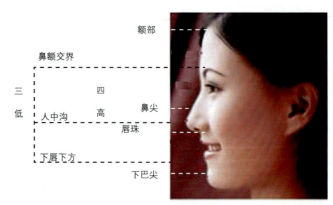

图 4-2-3　"四高三低"示意图

下唇的下方，有一个小小的凹陷，共三个凹陷，如图 4-2-3 所示。

三、常见的面部比例不协调

（一）面部比例的纵向比例失调

面部比例的纵向比例失调是指"三庭"的"上、中、下"庭中某一个部分的长度过长或者过短，不符合三者 1 : 1 : 1 的比例关系。

表 4-2-1

上庭	长	上庭的长度略长，中庭和下庭的长度相等，上庭长显得额部过大
	短	上庭的长度略短，中庭和下庭的长度相等，上庭短给人以"眉眼"太靠上的感觉
中庭	长	上庭和下庭的长度相等，而中庭的长度偏长，即鼻子较长，中庭长往往给人"脸长"的感觉
	短	上庭和下庭的长度相等，而中庭的长度偏短，中庭短的人会使五官显得过于集中
下庭	长	中庭和上庭长度基本相等，下庭长度偏长，即下巴略长
	短	中庭和上庭长度基本相等，下庭长度偏短，即下巴略短

（二）面部横向比例失调

面部横向比例失调如图 4-2-4 所示。

1. 两眼间距偏宽

两眼间距偏宽即两只眼睛的距离大于自身一只眼睛的长度。两眼距离偏宽会使面部的中间部位显得宽，使眉、眼之间有"分散"的感觉。

2. 两眼间距偏窄

两眼间距偏窄即两只眼睛的距离小于自身一只眼睛的长度。两眼距离偏窄会给人以不和谐的感觉。

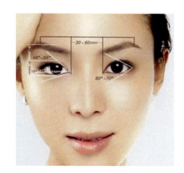

图 4-2-4　面部横向比例失调

（三）面部的整体比例失调

①脸长，面部纵向与横向的比值大于标准的比例，即 4 : 3。
②脸短，面部纵向与横向的比值小于标准的比例，即 4 : 3。
③脸型不对称，面部不符合"四等分"的标准。
④面部缺乏立体感，即"四高三低"的标准不突出。

（四）面部的局部比例失调

面部的局部比例失调如图 4-2-5 所示。

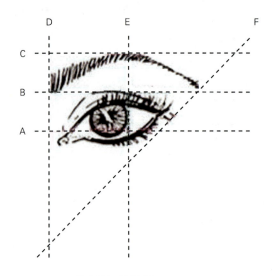

图 4-2-5　面部的局部比例失调

1. 眉毛短、眉毛长

不符合三点一线的标准，即图 4-2-5 中三点一线中的 F。

2. 鼻翼宽、鼻翼窄

不符合三点一线的标准，即图 4-2-5 中三点一线中的 D。

项目三　各种脸型分类与面部化妆方法

一、标准脸型

（1）特点：标准的脸型，"三庭五眼"也较标准，面部肌肉适当，轮廓柔和。

（2）眉型：标准眉型，也需要根据脸型来调整眉型，大弧度的眉会强调狭窄的额头。

（3）化妆修饰：标准脸型较标准，所以化妆难度不大，限制不多，只要掌握本人气质和发型搭配即可。若"三庭五眼"标准，则侧重于皮肤的美化，妆色浅而淡，突出自然美。

（4）发型搭配：标准脸型对发型的要求不是很高，做什么发型都有不同的气质。

二、圆形脸

（1）特点：额骨、颧骨、下颌骨转折缓慢，呈圆弧形，面部肌肉脂肪层较厚，脸的长度与宽度比例相近。

（2）眉型：眉尾轻上扬，降低眉头，眉峰前移，可适度地描一定角度和层次，以表现力度和骨感，减弱圆润平板的感觉，也可用略粗的拱形，不适宜选择平直、短粗的眉型。眉尾不宜拉长、眉峰不宜圆润、眉尾不要到鼻翼延长线上。

（3）化妆修饰：暗影涂在额头两侧和面颊部位，收缩脸型的宽度，T字部位、鼻尖、额头中部、下颌、颧丘提高光，增加中庭的长度，提亮下眼睑，收缩宽度，下颌尖提亮，增加脸的长度。腮红呈新月形，从颧丘内侧斜向太阳穴、宜浅宜淡；眼睛形状避免圆形，应将长度加大、外眼角拉长，将其修饰成椭圆形、上眼线的外眼角略微上扬。

（4）发型搭配：可以尝试长发大卷和中长梨花，两边尽量别动，在下巴以下的位置烫出C形与S形的花形即可，尽量不要尝试用齐刘海搭配，可以用中分和偏分的刘海，这样可起到遮盖两边脸型宽度的作用。

三、方形脸

（1）特点：脸型的长度和宽度相近，面部轮廓分明，面部呈方形，这种脸型的女性缺少柔和感。

（2）眉型：呈上升趋势，但为了和方下额相呼应，眉型不能带有棱角、呈弧形、眉峰向前移、眉尾不宜拉长，不适宜选择平直细短眉型。

（3）化妆修饰：暗影打在额角和颌角，在外眼角处提高光，收敛脸的宽度，下颌尖提亮，增加脸的长度。腮红倾斜度最大，锁骨斜眉梢（基本竖向）；眼睛形状呈椭圆形，眼线略拉长上眼线，外眼角轻上扬。

（4）发型搭配：可尝试用偏分的刘海，不过长度一定要尽量长，这样可以起到收缩下巴两边脸型宽度的作用。

四、由字形脸

（1）特点：上窄下宽，角度转折明显，下半部脸型宽而平。

（2）眉型：眉毛略带弧形，眉峰向后移、眉毛拉长，有角度的眉不适合柔和的眉型，额头窄一些。

（3）化妆修饰：暗影打在下颌骨突出部位，收缩下颌骨的宽度，提亮太阳穴两边，拉宽上庭的脸型，提亮下巴尖，使下巴突出。腮红由锁骨外侧斜向额角，浅而淡（凹陷脸颊）；眼睛形状，眼线向后拉长（上、下都拉长）。

（4）发型搭配：中庭到上庭距离的头发做蓬松，拉宽上半部脸型的宽度，可以尝试斜向刘海。

五、长形脸

（1）特点：面颊消瘦，面部肌肉不够丰满，额部与腮部轮廓方硬，不柔和，三庭过长。大于四分之三的面部比例，这种脸型给人以缺少生气，并有忧郁感的感觉。

（2）眉型：适合横向拉长，平直略带弧度的眉型，眉峰宜向后移，眉毛宜粗，不适合弧度弯上、纤细的眉型。

（3）化妆修饰：暗影打在额角和下颌骨，在上庭发际线处打暗影，并配合刘海的搭配，中庭在鼻根处提高光，鼻尖处打暗影，收缩中庭的长度，下庭在颌尖处打暗影，收缩下颌的长度。腮红由锁骨外侧斜向鬓角（最横向）；眼睛形状呈椭圆形，下眼线的外眼角眼影加宽。

（4）发型搭配：可以尝试将两边的头发做蓬松，以起到拉宽脸型的作用。可以尝试齐刘海和斜刘海，不过要保留刘海的厚重感，这样可以缩短脸型的长度。

六、申字形脸

（1）特点：颌骨两侧较窄，颧骨较突出，颌骨又比较窄，下巴尖而且长。

（2）眉型：眉头加重，眉峰向后移（额头窄）眉尾拉长，使注意力向脸中央集中，选择平直略长的眉型，不适合有弧度的眉型。

（3）化妆修饰：暗影打在颧骨部位，收缩颧骨的宽度，下颌尖打暗影，收缩下颌尖的长度。太阳穴两边提亮，下颌骨提亮，T字部位提亮，下眼睑提亮。腮红由颧骨斜向太阳穴；眼睛形状，上眼拉长（额头窄、横向走）。

（4）发型搭配：上庭两边的头发一定要做蓬松，以增加上庭的宽度，可以尝试齐刘海来缩短脸型的长度。

七、甲字形脸

（1）特点：上宽下窄，上半部脸型宽而较突出，下半部脸型窄而凹陷。

（2）眉型：要大方得体，眉型带弧形、眉峰前移、眉尾不宜拉长。

（3）化妆修饰：暗影打在太阳穴两边，收缩额骨的宽度，颧骨及下颌骨提亮，拉宽下半部脸型的宽度，颧骨处打腮红。腮红由颧骨下侧斜向额角；眼睛形状，眼线不宜拉长。

（4）发型搭配：中庭到上庭处的头发尽量不要做蓬松，那样会显得头很大。下庭以下的头发做蓬松，借此拉宽下半部脸型的宽度。

【实训项目】

实训内容	操作方法	基本要求
1.常见脸型基本特征分析	1.能明辨自己的脸型特征 2.总结出各小组人员的脸型特征并能绘制图表 3.观察脸型，写出各自的脸型及面部的优缺点（以优点多为宜）	1.教师需先讲解并示范正确的操作方法及规范动作 2.分小组进行实操训练，并指导学生注意事项 3.小组操作后需有点评
2.五官比例的特征分析	1.明确标准脸型的特征 2.能明确三点一线、四高三低、四比三的操作方法 3.写出五官比例不协调的修饰方法及汇总表	
3."三庭五眼"实操	1.能目测及手测出"三庭五眼"的结果 2.写出各小组人员的"三庭五眼"图表作业	
4.各种脸型的修饰方法	1.能针对不同脸型描绘出五官修饰的方法 2.小组相互点评不同脸型的修饰效果	

【知识链接】

莱布尼茨说："世界上找不到两片相同的树叶。"尼采更概括地说："世界上本来没有相同的东西"。人的相貌也是如此，即便是双胞胎也有不同之处。虽然人的头部构造相同，相貌却呈现千差万别，这是因为头骨是由许多块不规则形状骨骼构成，每个人骨骼大小形状不一，每块骨骼上又附着有不同厚度的肌肉、脂肪和皮肤，形成了不同的转折、凹凸和弧面，所以有了不同的脸型和相貌。一般可归纳总结为六种脸型：蛋形脸、圆形脸、方形脸、长形脸、三角形脸、菱形脸。化妆的功能性是修饰面部，使之协调美观。修饰脸型是从整体出发，修饰五官是局部刻画。化一个完美妆面就像是完成一幅绘画作品，是一个人从整体到局部，再从局部到整体的过程，了解了骨骼和肌肉的构造后，再在面部轮廓和五官上进行修饰，会收到事半功倍的良好效果。

【思考与练习】

1.对比化妆前后的不同照片，感受一下前后的变化。

2.找出自己脸部的优缺点，尽可能取长补短地采用化妆的方法弥补不足之处。

3.每天实践完成适合自己的妆容。

第五单元 》》》》》》》
面部化妆的准备及皮肤基础护理

想要化好一个精致美丽、适合自己、凸显优点的妆容，必须做好化妆前的各项准备。不同的人有不同的肤色，在化妆前应首先了解自身的肤色类型，选择适合自己的化妆产品。

项目一　不同肤色类型与化妆

肤色即皮肤的颜色，是指人类皮肤表层因黑色素、血色素、胡萝卜素等沉积所反映出的皮肤颜色。肤色在不同地区及人群有不同的分布。根据人种划分，大致可分为四大类：高加索人种（白色人种）、亚美人种（黄色人种）、尼格罗人种（黑色人种）和澳大利亚人种（棕色人种）。亚美人种也称蒙古人种、黄色人种，我们中国人属于亚美人种。

人体肤色的特征如下所述。

人体肤色是由黑色素、血色素、胡萝卜素三个色素基因不同的成分比例决定的。由于每个人的色素比例存在个体差异，所以肤色基调迥异，这个与生俱来的皮肤色同血型和指纹一样会伴随我们一生，无法改变。

1. 黑色素、血色素和胡萝卜素对肤色的影响

①黑色素含量的高低决定黑与白的程度。

②血色素含量的高低决定肤色的红润程度。

③胡萝卜素含量的高低决定皮肤黄的程度。

2. 三者的关系及肤色的表现

①血色素偏高的，肤色表现为粉红色。

②胡萝卜素偏高的，肤色表现为象牙色或金棕色。

③血色素和胡萝卜素基本等量的，肤色表现为米色。

④血色素、胡萝卜素和黑色素基本等量的，肤色表现为土褐色。

⑤胡萝卜素和黑色素少于血色素的，肤色表现为玫红色。

3. 肤色分类

（1）肤色的基调分析

①按照色调来分，肤色分为暖色基调肤色、冷色基调肤色、中性色基调肤色。

②以黄色为基调的人为暖色基调肤色，这类人的皮肤透着象牙白、金黄、金棕、金褐色的底色调。

③以蓝色为基调的人为冷色基调肤色，这类人皮肤透着粉红、蓝青、暗紫红、灰褐色的底色调。

④还有一些偏冷暖混合型的人为中性色基调肤色。

（2）化妆颜色的选择

①暖色基调肤色：暖色基调肤色的人适合黄色、橘色、橘红、黄绿色、金色及大地色系等颜色。

②冷色基调肤色：冷色基调肤色的人适合蓝色、浅蓝色、粉色、宝石色、紫色、蓝绿、绿色、艳红、蓝红等颜色。

③中性色基调肤色：中性色基调肤色的人适合同时使用两种倾向色彩，以表现出迥异的性格与外表特征。

（3）肤色的色调分析

①肤色的明度。肤色的明度是指肤色的明亮程度，或是指肤色的深浅程度，也就是我们通常所说的皮肤的黑与白，可分为偏白皮肤、偏黄皮肤、偏红皮肤、偏黑皮肤。

a. 偏白皮肤。此类肤色者需选用粉红色修颜液进行调整，以增加血色。眼影、腮红、口红可选用粉色系，如粉红、粉紫、淡玫瑰色等，如图 5-1-1 所示。

图 5-1-1　偏白皮肤

b. 偏黄皮肤。此类肤色者需选用紫色修颜液进行调整，去除黄光，再使用适合黄肤色的正常基础色，使偏黄的肤色得以矫正。眼影选用大地色系为最佳，适当时也可以使用紫色、淡蓝色等颜色。唇彩与腮红选用橘色里加一些暖色，以与妆容协调搭配，如图 5-1-2 所示。

图 5-1-2　偏黄皮肤

c. 偏红皮肤。此类肤色者由于角质层比较薄，

图 5-1-3　偏红皮肤

图 5-1-4　偏黑皮肤

毛细血管扩张导致皮肤泛红。需选用绿色修颜液进行调整，以去除红光，再使用正常的基础色，使皮肤具有透明洁净的感觉。眼影选用冷色系，如粉蓝、嫩绿、紫罗兰等颜色，不要选择红色系或其他暖色调眼影。唇彩与腮红尽量淡雅一些，颜色不要跳跃，如图 5-1-3 所示。

　　d. 偏黑皮肤。此类肤色者需选择与肤色接近或略深于肤色透度柔和的粉底，如小麦色、暖象牙色或浅暖褐色，以用其"同类色并列起柔和作用"的色彩原理，选择增加皮肤光洁度及透明度的色彩。眼影选用金色、橘色会更显出挑，腮红和唇彩使用暖色与妆容协调搭配，腮红不宜太过鲜艳，偶尔尝试裸色系唇彩更能让偏黑皮肤的人呈现出个性的感觉。这类肤色忌用偏冷、偏白的粉红、粉白色系，如图 5-1-4 所示。

　　肤色的明亮程度不能靠重复涂抹粉底的厚重化妆方法来进行调整，那样只会让皮肤尽失质感。

　　②肤色的纯度。肤色的纯度是指肤色的饱和度，即肤色均匀程度。肤色纯度高，皮肤偏厚，均匀度相对较高；肤色纯度低，皮肤偏薄，均匀度较低。色调分布不均匀，需要选用深浅不同的粉底进行调整和掩饰。

项目二　化妆前的准备及基础皮肤护理

　　由于工作的特殊性，民航服务人员会长期在较封闭的空调环境里工作，妆容也要在脸上长时间地停留，如果想要保持完美的妆容和健康的皮肤，必须做好化妆前的准备及基础皮肤护理。

一、化妆前的准备

　　化妆前的准备工作做得是否到位，直接影响着化妆的效果。准备工作包括下述几个方面。

（一）光线与化妆台的选择

1. 光线的选择

光线的选择能直接影响脸部妆面的效果。化妆前，首先要对化妆后出席的时间、地点、场合等进行综合考虑，在光线的选择上应与妆后所出席场合的光线相近。例如出席户外活动，可选择坐在窗户旁边光线较亮的地方进行化妆；若出席室内活动，则可坐在化妆台前或灯光下进行化妆。值得注意的是，光线照射的角度也十分重要，正确的角度是光线从面部的正前方照射过来。高度或角度不对，会使人的面部出现阴影，影响化妆效果。

2. 化妆台的选择

无论是标准的化妆台还是临时的化妆场所，化妆台的高度应适中，其表面应干净无污垢、油垢、杂物等，并确保台面能放下所有的化妆品和工具，同时要有清晰度较高的镜子。另外，要有一张高度适中、稳定性好的椅子。

（二）化妆品及化妆工具的准备

化妆品及化妆工具是化妆时重要的物品。在化妆前应先将所需化妆品及工具一一分类，并按照使用的顺序合理摆放。不需要时，则可收入化妆箱或化妆包中，以备随时使用。

1. 化妆品

化妆品包括修颜液、粉底、定妆粉、双色修容饼、眼影、高光粉、眼线笔（眼线膏或眼线液等）、睫毛膏、眉粉（眉笔或眉膏等）、腮红、唇膏（唇釉或唇蜜等）。

2. 化妆工具

化妆工具包括化妆海绵、粉扑、化妆套刷（眼影刷、腮红刷、轮廓刷、唇刷、眉刷等）、美目贴、睫毛夹、睫毛梳、眉刀、眉剪、眉镊等。

3. 辅助工具

辅助工具包括棉签、化妆棉、纸巾、梳子、发卡、橡皮筋、鸭嘴夹等。

（三）相关物品的准备

良好的形象不仅仅是面部化妆，还需要多方面的协调搭配，所以在化妆前需要将所需的与面部化妆相关的物品准备齐全。

1. 服装

服装与面部化妆联系密切，如浓妆在着晚装时显得高雅华丽，而配搭职业装时则显得面部色彩夸张。所以，为了使整体形象协调，化妆前应将服装、鞋、帽、包等准备好。

2. 饰品

在面部化妆时，饰品是必不可少的点缀物件。但由于妆型不同，饰品的选择也应有一定的区别。需要化哪种类型的妆面，就应事先将相应的饰品准备并摆放好。

（四）充分了解自己

想要化出一个满意的妆容，必须对自己下述几个方面有足够的了解。

1. 皮肤

了解自己的肤色、肤质、色彩属性，从而选择颜色适合的化妆品，以使妆容显得干净自然。

2. 头发

了解自己头发的发质、发量、长度、颜色。

3. 五官

了解自己的五官比例、不够标准的部位、头部比例。

4. 身材

了解自己的身材类型与身体细节比例。

5. 其他

了解自己的气质类型并进行性格分析。

（五）清洁及护理工作

清洁工作重点在于化妆工具以及手部、面部、头部等部位的清洁。护理工作重点在于面部、颈部、头发的护理。

（六）心理准备

众所周知，心情愉悦或苦闷时，面部所呈现的表情有很大的差别，面部肌肉的走向也随之会有差别。而在化妆时，往往需要考虑到自身的面部骨骼与肌肉走向来进行描画。所以在化妆前，应该有一个愉悦的心情，可以先做一些微笑表情，使肌肉放松后再进行描画。

二、化妆前皮肤的基础护理

（一）皮肤的类型

皮肤类型的分类方法有多种。目前多根据皮肤含水量、皮脂分泌状况、皮肤 pH 值以及皮肤对外界刺激反应性的不同将皮肤分为五种类型，如下所述。

1. 干性皮肤

干性皮肤红白细嫩，发干，易起皱，易破损，对理化因子较敏感，容易过敏，如图5-2-1所示。干性皮肤白皙，毛孔细小而不明显。皮脂分泌量少，皮肤比较干燥，容易产生细小皱纹。毛细血管较浅，易破裂，对外界刺激比较敏感。其可分为缺水和缺油两种。缺水干性皮肤多见于35岁以上人群，而缺油型干性皮肤多见于年轻人。干性皮肤易出现衰老现象，这是由于皮脂腺分泌量逐渐减少，造成的皮肤干燥，一般洁面后有紧绷感，如果长期不加护理易产生皱纹，不易长痤疮，对外界刺激较敏感。

图5-2-1 干性皮肤

2. 中性皮肤

中性皮肤也称普通型皮肤，为理想的皮肤类型。其特点是皮肤组织紧密，厚薄适中，光滑柔软，富有弹性，是较好的皮肤类型。其角质层含水量为20%左右，皮脂分泌量适中，皮肤表面光滑细嫩，不干燥、不油腻，有弹性，对外界刺激适应性较强，如图5-2-2所示。

图5-2-2 中性皮肤

3. 油性皮肤

油性皮肤肤色较深，皮肤毛孔较大，脂肪较多，具有油亮光泽，皮脂分泌量多，皮肤油腻光亮，这种皮肤易发生面部皮肤感染，但不易生皱纹。对外界刺激不敏感，由于皮脂分泌过多，容易生粉刺、痤疮，常见于青春期的年轻人，油性皮肤衰老速度较缓慢，如图5-2-3所示。

4. 混合性皮肤

混合型皮肤，即额头、鼻部为油性皮肤，油脂多，发亮，其他部分为干性皮肤，红白细嫩，对阳光中的紫外线敏感，约80%的女性属于混合型皮肤。这是干性、中性或油性混合存在的一种皮肤类型。多表现为面部中央部位（即前额、鼻部、鼻唇沟及下颏部）呈油性，而双面颊、双颞部等表现为中性或干性皮肤，如图5-2-4所示。

图5-2-3 油性皮肤

混合性皮肤分为三种类型。

①T字部位油性，毛孔粗大，面疱普遍。而面颊皮肤洁净柔嫩，很少面疱，肤质细致，肤色均匀，这是混合性皮肤

图5-2-4 混合性皮肤

中最常见的类型。

②T字部位少油脂和面疱，面颊皮肤毛孔很小，极少面疱，易出现皱纹和细纹。

③T字部位油性，毛孔粗大，面疱普遍，有油光。而面颊皮肤毛孔细小，少面疱，易脱皮，皮肤紧绷，有皱纹和细纹，是混合性皮肤中比较少见的一种类型。

5. 敏感性皮肤

图 5-2-5　敏感性皮肤

敏感性皮肤也称过敏性皮肤，多见于过敏体质者。皮肤对外界刺激的反应性强，对冷、热、风吹、紫外线、化妆品等较敏感，易出现红斑、丘疹和瘙痒等皮肤表现，如图 5-2-5 所示。

敏感肌肤大致分为下述几种类型。

①干燥性敏感肌肤。无论什么季节，肌肤总是干燥且粗糙不平，一使用化妆水就会感到些许刺痛、发痒，有时会红肿，有这几种症状的人属于干燥性敏感肌肤。肌肤过敏的原因是皮肤干燥，导致防卫机能降低，只要去除多余的皮脂和充分保湿即可。

②油性敏感肌肤。脸上易冒出痘痘和小颗粒，会红肿、发炎，就连脸颊等易干燥部位也会长痘痘，专家称有这些症状的人应属于油性敏感肌肤。敏感的原因是附着的过剩皮脂及水分不足引起肌肤防护机能降低，只要去除多余的皮脂和充分保湿即可。

③压力性敏感肌肤。季节交替及生理期前，化妆保养品就会变得不适用，只要睡眠不足或压力过大，肌肤就会变得干燥，有这几种症状的人应属于压力性敏感肌肤。其原因在于各种外来刺激或荷尔蒙失调所引起的内分泌紊乱。

④永久性敏感肌肤。特定的刺激物（过敏源）引起过敏反应，如果依然按照自己日常的保养方式会很危险，最好是马上到皮肤科诊所就诊，并使用医师所建议的贝母舒敏膏。敏感性皮肤容易泛红，鼻头、脸周横着一条条触目惊心的红血丝，经常发痒甚至变得粗糙脱皮，针对易过敏的肌肤使用的产品，最重要的就是安全。

（二）皮肤的基础护理

化妆前的基础护肤是确保完美妆容的重要步骤，也是保护皮肤的必要步骤。无论何种肌肤，无论要化什么妆面，都要认真做好护肤基础的三个步骤，我们称之为"基础护肤三部曲"。

基础护肤三部曲为洁肤—爽肤—润肤。洁肤、爽肤、润肤既是化妆前的三部曲，也是每天早晚及化妆前、卸妆后的必要护肤程序。

1. 洁肤

清洁皮肤是"基础护肤三部曲"的第一步，用洁面乳将脸上多余的汗液、油脂、灰尘等清理干净，使皮肤处于洁净清爽的状态，令妆面服帖自然、不易脱落，同时起到保护皮肤的作用。洁肤工作一定要细致认真，一时的疏忽不仅会影响化妆效果，而且还会影响皮肤的健康，如图 5-2-6 所示。

图 5-2-6　洁肤

完成一次良好全面的洁肤工作需下述几个步骤。

步骤一：用香皂将手洗干净。

步骤二：用温水湿润脸部与颈部，使其毛孔打开，并将外表的浮尘冲掉。

步骤三：取用适量的清洁产品在手掌中，加清水揉搓使其充分起沫。

步骤四：用双手中间的三根手指指腹部位，在面部与颈部由内而外轻轻打圈按摩清洁。

步骤五：用温水清洗面部的洁面乳。

步骤六：检查是否有没冲洗干净的地方。

步骤七：用冷水撩洗数次，可以帮助收缩毛孔，紧致肌肤，增强肌肤的弹性。

步骤八：用干净的毛巾轻轻吸干脸部与颈部的水分。

2. 爽肤

爽肤是"基础护肤三部曲"的第二步，即用化妆水为皮肤补充水分。目的在于滋润皮肤，调理肌肤酸碱度，平衡油脂分泌，使上妆后妆面更持久。化妆水的选择要根据皮肤的性质而定。如油性皮肤或毛孔粗大的皮肤，应选择使用收敛性的化妆水，以收缩毛孔、减少油脂分泌，使皮肤细腻光滑，如图 5-2-7 所示。

图 5-2-7　爽肤

爽肤的方法与步骤：

步骤一：用化妆水浸润化妆棉。

步骤二：按照由内而外的顺序轻轻擦拭面部及颈部肌肤（眼周除外），使皮肤吸收水分。

步骤三：轻轻拍打按压面部及颈部，用手心的温度让化妆水的养分渗透到肌肤的底层。

3. 润肤

润肤是"基础护肤三部曲"的第三步，主要起到滋润和保护皮肤的作用。润肤霜要根据自身的肤质和季节的变化来选择。化妆前的润肤主要有两个目的：一是防止皮肤的水分挥发，同时能补充皮肤的营养和水分，容易上妆并且不易脱妆；二是润肤后可以在皮肤表层形成保护膜，以免受到外界环境的刺激，将皮肤与化妆品隔离开，从而达到保护皮肤的目的，如图 5-2-8 所示。

图 5-2-8　润肤

图 5-2-9　眼部护理

润肤的方法与步骤：

①眼部护理。由于在面部的肌肤中，眼周肌肤最为敏感，是全身最薄的部位，故眼周的产品应单独选择，既能补充眼周皮肤的水分与营养，又要避免由于养分不能完全吸收而造成眼部出现油脂粒的现象。可选择水分含量大、油脂成分含量少的眼部护理品，如眼霜、眼胶、眼部精华等，如图 5-2-9 所示。

②面部润肤。面部润肤按照面颊、额头、下巴、鼻部、颈部的顺序进行。润肤产品要根据自身的肤质和季节的变化来选择。油性肌肤或夏季选用质地清爽的乳液，干性肌肤或秋冬季则适合选用质地滋润的乳霜。

③隔离霜。妆前使用隔离霜是保护皮肤的重要步骤。隔离霜具有隔离防晒的双重功效，不仅能够隔离彩妆和减轻外界环境污染对肌肤的伤害，同时还能阻挡紫外线，避免肌肤晒伤和晒黑，相当于一层皮肤的保护膜，使肌肤看起来光泽透亮。有的隔离霜还增加了一些调整肤色的功能，比如粉色、紫色、绿色、白色等。同时还可起到修正、提亮肤色的作用。

项目三　卸妆的程序与方法

卸妆的重要性往往容易被大家忽视，如果化妆品残留在皮肤上过久，部分成分会损伤皮肤结构，影响皮肤的正常"呼吸"，使出汗、皮脂排泄受阻，造成毛孔堵塞，阻碍皮肤正常的新陈代谢，从而导致肤色晦暗、长暗疮等。同时，化妆品中的营养成分也是细菌的培养基，易造成皮肤的细菌感染。所以能够正确、全面地卸妆对于需要长期化妆的民航服务人员来说尤为重要。

一、卸妆用品

一般的清洁用品是无法达到彻底清除化妆品污垢效果的，因此需要专用的卸妆用品才能有效地清除污垢，且不会对皮肤造成伤害。

（一）眼唇部卸妆液

眼唇部卸妆产品是较具针对性的卸妆产品，用于眼部、唇部等敏感部位的卸妆。

（二）卸妆油、卸妆乳、卸妆液等

此类卸妆产品用于面部大面积的卸妆，如脸颊、额头、下巴、脖子等处。一般根据皮肤的性质和彩妆的厚度选择不同的卸妆产品。比如，偏油性的皮肤或偏浓的彩妆需要用卸妆油彻底清理干净；偏干性皮肤或较淡的彩妆用卸妆乳、卸妆液就已足够。

（三）化妆纸或化妆棉

化妆纸或化妆棉用来蘸取卸妆产品擦拭妆容。

（四）棉棒

棉棒用于眼线、睫毛等细小部位的卸妆。

（五）面部清洁及护肤产品

在用卸妆油等擦拭之后，进行再次清洁、护理的产品有洗面乳、爽肤水、润肤露等。

二、卸妆的方法及步骤

面部卸妆应先从面部化妆较浓处着手，眼、唇部的皮肤较薄，又是平时化妆较浓的部位，所以卸妆时应先从此两处着手。

一套完整的卸妆顺序为：睫毛→眼线→眼睑部位→唇部→眉部→脸颊→额头→鼻部→下巴→脖颈及耳周。

（一）眼部卸妆

在整个面部皮肤中，眼部的皮肤最容易老化并产生各种问题。日常护理十分重要，卸妆时也应极为小心。为了避免出现由于卸妆不彻底或卸妆产品不适合而产生的眼部皮肤问题，必须使用眼部专用的卸妆产品。

眼部卸妆应按照睫毛、眼线、眼睑部位的顺序，并按下述方法步骤进行。

1. 睫毛

化妆时，睫毛部位通常是眼部化妆的重点部位。卸妆时，同样也是重点卸妆的部位。

①将蘸有眼部卸妆液的化妆棉沿下眼睑贴在眼下，闭上眼睛，使上睫毛接触到化妆棉

图 5-3-1

上的卸妆液。

②再取一块蘸有眼部卸妆液的棉棒或化妆棉，轻轻贴在眼部数秒，使睫毛膏能被充分溶解，如图 5-3-1 所示。

③用蘸有眼部卸妆液的棉棒清理睫毛间的小缝隙，由睫毛根部至梢部仔细清除并逐渐溶解睫毛膏。反复进行，直至完全清除睫毛膏膏体。

④重复上睫毛卸妆的步骤，为下睫毛卸妆。

2. 眼线

①上眼线。将一面镜子置于面部正前方，微微抬头，双眼向下看镜子，一只手轻压上眼皮，另一只手捏住蘸有眼部卸妆液的棉棒，由内眼角至眼梢沿睫毛根部轻轻擦拭，直至上眼线被彻底清除干净。注意动作轻柔，如图 5-3-2（a）所示。

②下眼线。将镜子置于面部正前方，微微低头，双眼向上看镜子，然后按照上眼线的卸妆方法，直至下眼线被彻底清除干净，如图 5-3-2（b）所示。

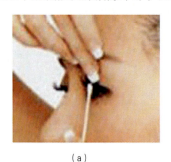
（a）

（b）

图 5-3-2

3. 眼睑部位

图 5-3-3

①用一只手的中间三根手指夹住化妆棉片，倒取足够的眼部卸妆液。

②眼睛稍稍闭上，将蘸有眼部卸妆液的化妆棉片整片贴在上下眼睑处，稍等片刻，然后由内眼角至外眼角轻轻擦拭，干净一面用完，再换干净的另外一面，反复多次，直至上、下眼睑的眼影全部清除干净，如图 5-3-3 所示。

（二）唇部卸妆

唇部和眼部一样，都是面部最为娇嫩的部位，皮脂分泌较少，稍有刺激就会引起细纹，很容易产生干裂。而且唇膏的油脂较多，唇部属于化妆较浓的部位，如果不卸妆或卸妆不净，可能会有铅等化学物质的沉淀，长久以后唇色会越来越深，也会暗淡无光，还会导致唇部干燥。因此，必须使用唇部专用卸妆产品干净彻底地卸去唇妆，如图 5-3-4 所示。具体方法步骤如下所述。

①用面纸按压嘴唇，吸掉唇膏里的油分。

②将两片蘸满唇部卸妆液的化妆棉片折叠，轻敷嘴唇，微笑使唇纹舒展。

③由外围向唇部中心垂直卸除唇膏，不要来回搓，力度要轻柔。

④打开嘴角，将棉片对折，清理容易遗漏的残妆。

图 5-3-4

（三）眉部卸妆

眉部可以用面部卸妆产品来卸妆。方法步骤较简单，只需将化妆棉浸上卸妆液，由眉头向眉尾方向擦拭，反复数次，直至干净。

（四）脸颊卸妆

用蘸有卸妆液的化妆棉分别向左右脸颊斜上方擦拭，这样既可以卸掉脸颊的妆容又可起到提拉的作用。反复数次，直至妆容卸除干净。

（五）额头卸妆

用蘸有卸妆液的化妆棉擦拭额头，擦拭时方向要横向或向斜上方，反复数次，直至妆容卸除干净。

（六）鼻部卸妆

用蘸有卸妆液的化妆棉擦拭鼻部，擦拭时方向要向下。特别注意鼻翼两侧等细微的部位，要彻底擦拭干净。

（七）下巴卸妆

用蘸有卸妆液的化妆棉擦拭下巴，擦拭时方向要横向或向下方。反复数次，直至妆容卸除干净。

（八）脖颈及耳周卸妆

很多女性通常不会或不愿意在脖颈及耳朵周围化妆，这种做法会严重影响整个妆面的效果。例如面部与颈部、耳周的颜色不统一，使面部看起来生硬、做作。因此，正确的化

妆应该考虑到颈部及耳周部位的粉底晕染。而打过底妆的部位则需要同脸部采用一样的程序来卸妆、清洁和保养。脖颈及耳周部位是比较容易暴露年龄的地方，如果护理不当或卸妆不彻底也会影响其皮肤。

脖颈及耳周的卸妆方法步骤相同：用化妆棉蘸取适量的卸妆液，横向或向上方轻轻擦拭粉底晕染的部位，反复数次，直至妆容卸除干净。

三、护肤三部曲

面部及五官的彩妆卸除干净后，再用洁肤产品对皮肤进行统一彻底的清理，然后接着完成"护肤三部曲"。值得一提的是，护肤三部曲仍然是卸妆后非常重要的步骤，对刚卸完妆的皮肤起到修复、滋润及保护的作用。

【实训项目】

实训内容	操作方法	基本要求
1.肤色的色调分析	1.能明辨自己的肤色特征 2.总结出各小组人员肤色的色调并能绘制图表 3.写出各自肤色的优缺点（以优点多为宜）	1.教师须先讲解并示范正确的操作方法及规范动作 2.分小组进行实操训练，并指导学生注意事项 3.小组操作后需有点评
2.各种肤色的修饰方法	1.能针对自己的肤色正确选用化妆色彩，并实践完成 2.小组相互点评不同肤色的修饰结果	
3.完成完整的卸妆步骤	1.按要求完成卸妆步骤 2.各小组参与互评	
4.进行"护肤三部曲"	1.分小组口述洁肤的方法步骤（水源因素不能实操），并配合手法练习 2.进行爽肤实操练习 3.进行润肤实操练习，特别是眼霜的涂抹手法 4.各小组发表感受及介绍经验	

【知识链接】

皮肤最喜欢的十种食物

皮肤专家们经过长时间的研究，总结出人类皮肤最喜欢的十种食物，如下所述。

1.西兰花——含有丰富的维生素A、维生素C和胡萝卜素，能增强皮肤的抗损伤能力，有助于保持皮肤弹性。

2.胡萝卜——胡萝卜素有助于维持皮肤细胞组织的正常机能，减少皮肤皱纹，保持皮肤润泽、细嫩。

3.牛奶——牛奶是皮肤在晚上最喜欢的食物，能改善皮肤细胞活性，有延缓皮肤衰老、增强皮肤张力、消除小皱纹等功效。

4.大豆——大豆中含有丰富的维生素E,不仅能破坏自由基的化学活性、抑制皮肤衰老，还能防止色素沉积。

5.猕猴桃——富含维生素C,可干扰黑色素生成，并有助于消除皮肤上的雀斑。

6.西红柿——含有番茄红素，有助于展平皱纹，使皮肤细致光滑。常吃西红柿还不易出现黑眼圈，且不易被晒伤。

7.蜂蜜——含有大量易被人体吸收的氨基酸、维生素及糖类,常吃可使皮肤红润细嫩、有光泽。

8.肉皮——富含胶原蛋白和弹性蛋白，能使细胞变得丰满、减少皱纹、增强皮肤弹性。

9.三文鱼——其中的欧米伽-3（OMEGA-3）脂肪酸能消除一种破坏皮肤胶原和保湿因子的生物活性物质，防止皱纹产生，避免皮肤变得粗糙。

10.海带——含有丰富的矿物质，常吃能够调节血液中的酸碱度，防止皮肤过多分泌油脂。

【思考与练习】

1.分析自己的肤色，正确选用化妆色彩，并实践完成。

2.简述"护肤三部曲"的重要性与具体做法。

3.简述完整的卸妆步骤。

第六单元 》》》》》》》》》
化妆基本程序与局部化妆

化妆是一种历史悠久的女性美容技术。古代人在面部和身上涂上各种颜色和油彩，表示神的化身，以此祛魔逐邪，并显示自己的地位和存在。后来这种装扮逐渐具有装饰的意义，一方面在演剧时需要改变面貌和装束，以表现剧中人物；另一方面是由于实用而兴起。如今，化妆则成为满足女性追求自身美的一种手段，其主要目的是利用化妆品并运用人工技巧来增加天然美。

化妆可分为基础化妆和重点化妆。基础化妆是指整个脸面的基础敷色，包括：清洁、滋润、收敛、打底与扑粉等，具有护肤的功用。重点化妆是指眼、睫、眉、颊、唇等器官的细部化妆，包括：加眼影、画眼线、刷睫毛、涂鼻影、擦胭脂与抹唇膏等，能增加容颜的秀丽并呈立体感，可随不同场合变化。

项目一 化妆的基本步骤

一、摆放陈设

首先将化妆品及化妆工具在化妆台上有秩序地摆放，并在化妆过程中能够做到井井有条，收放自如。

二、洁肤

在化妆前一定要使用专业的清洁用品清洁皮肤，不同的肤质要选择不同功效的洁面产品，在洁肤的过程中动作要轻柔，避免粗糙的洁肤动作，否则会损伤皮肤的纤维组织，而且更容易产生皱纹。干净的肌肤能够在化妆过程中起到保护皮肤的作用，同时还有利于完美妆面效果的呈现。

三、润肤

在清洁皮肤后，应根据自己的肤质选择相应的护肤产品，如爽肤水、精华、乳液等，这样既能对肌肤起到滋润作用，使肌肤水润，还可以使妆面更加自然、透亮，给人以天生丽质的感觉。

四、隔离

使用隔离霜在化妆过程中是非常重要的一步，它不仅能够隔离紫外线和大气中的污染物，更能够隔离彩妆用品中的有害物质，起到保护皮肤的作用。如果不使用隔离霜就直接上粉底，会让粉底堵塞毛孔而伤害皮肤。所以在使用彩妆用品前一定要使用隔离霜。

五、修眉

在涂抹了隔离霜后，应根据需要来修剪眉毛。首先需将眉毛中的杂毛修掉，再根据脸型修出眉型，较长的眉毛还应用剪刀剪短。

六、粘贴美目贴

根据具体情况选择是否需要粘贴美目贴，如果不需要粘贴美目贴就可以直接开始下一步骤；如果需要粘贴美目贴，需在涂抹底妆之前粘贴，这样美目贴能够更好地贴合眼皮，且不易脱落，而且更加隐形。

七、底妆

根据皮肤的特点和妆容的浓淡，选择相应的底妆用品，如粉底液、粉底膏来进行打底步骤，完美的底妆能够起到调整肤色和脸型、增强脸部立体感、改善皮肤质感和掩盖面部瑕疵的作用。

八、定妆

在打造完美的底妆后，接下来的工作就是将完美的底妆"定住"。使用无色定妆粉，并用粉扑采取按压的方式定妆。

九、眼影

根据眼型及妆容的特点选择合适的颜色及眼影技法来修饰眼部。眼影在修饰眼部时，主要是强调眼部结构，增加眼睛的神采，并且达到改善、修饰眼形，丰富面部色彩的作用。

十、眼线

眼影结束后就要开始进行眼线的描画，在描画眼线时，眼线的长短、粗细都要从实际出发，仍主要考虑眼型的特点，完美的眼线会让眼睛看起来更加明亮，使整个人显得神采

奕奕。

十一、睫毛

可根据妆容的特点决定是否使用假睫毛，但无论是否使用假睫毛，都需要处理好自己的真睫毛。在进行睫毛处理时，首先应使用睫毛夹将睫毛夹翘，夹出完美的弧度，再涂抹睫毛膏，如需粘贴假睫毛，在涂抹完睫毛膏后，再粘贴假睫毛，最好使用睫毛膏将真假睫毛完美地粘合在一起，使妆容更自然、更真实。

十二、眉毛

选择与眉毛颜色相同的眉笔，在眉毛缺损的地方补画，再使用眉粉在眉毛上浅刷一层，使眉毛看起来更加完整、真实、自然。

十三、腮红

根据脸型和肤色的不同，选择将相应的腮红涂抹在脸上，在涂抹时注意与周围皮肤的自然衔接与融合，使脸上在显现健康红润的同时，更加自然，仿佛是由内而外散发出来的好气色。

十四、唇

根据眼影、腮红及服装的颜色，可选择同色系的唇膏来打造双唇。使唇部看起来更加丰盈、滋润，并与眼影、腮红相呼应，达到整体造型和谐统一的目的。

十五、整理妆容

在整个妆面完成以后，应通过镜子来检查妆容中的不足。如妆面是否对称（眉型、眼妆、腮红），有无脱妆现象，颜色搭配是否统一和谐。

项目二　美目贴的使用技巧

一、美目贴的作用

①美目贴既可以美化眼睛，使眼睛看起来更大更有神，也可以将内双的眼睛打造成外双。

②美目贴可以调整眼型。当两个眼睛大小不一时可以通过美目贴进行调整，还可以起到提升眼位和改善眼型的作用。

二、美目贴的种类

（一）纸带式

纸带式的美目贴的优点在于贴在眼睛上更加自然、隐形，而缺点是纸带式的美目贴硬度不够，材质较软，因此支撑力不够，保持的时间较短，特别是对于眼睛部位较肿的人群，不适合采用纸带式美目贴。纸带式美目贴的颜色一般与皮肤颜色相接近。

（二）胶带式

胶带式美目贴的优点在于其质地较硬，适合一切眼型的人群使用，特别是初学者，较硬的质地使得初学者在修剪和粘贴时能较好掌握。而缺点在于其白色和较硬较厚的特点，在粘贴到眼皮上时会比较明显，不够自然，真实。

以上两种质地的美目贴除了卷筒状的，市面上还有已经修剪成型的可供大家选择。卷筒状的美目贴需要自己动手修剪出适合自己眼型的形状，已经修剪成型的则可以直接贴于眼皮处。

三、美目贴粘贴的位置

眼睛在上眼睑处有一道褶皱线，称为双眼皮褶皱线，这道线一般越靠近内眼角则越狭窄。根据眼型不同，有的人有双眼皮褶皱线，有的人则没有；有的褶皱线很明显，有的则较弱。

美目贴粘贴的正确位置应是：压住原有的双眼皮褶皱线来粘贴，既不能粘贴在双眼皮褶皱线以内，也不能完全粘贴在双眼皮褶皱线以上，如果粘贴不到位则不能发挥美目贴的作用，即达到美化和调整眼睛的效果。

四、美目贴的适用人群

①本来已经是双眼皮的人群，但是褶皱线不深、不明显，或是眼型不够理想，这种情况使用美目贴能够加深双眼皮褶皱线和加大双眼皮的宽度，效果明显。

②上眼皮较薄且有些松弛的人群也适合粘贴美目贴，美目贴的硬度能够将薄而松弛的皮肤支撑住，粘贴美目贴的成功率大，效果明显。

③双眼大小不同，例如眼睛一只内双一只外双、一只双眼皮一只单眼皮或是双眼皮宽度不同导致大小眼的人群，都非常适合粘贴美目贴，也可用美目贴将内双粘贴成外双、单眼皮粘贴成双眼皮、宽度窄的粘贴得与另一只眼睛相同，达到双眼对称的效果。

④上眼皮松弛或外眼角下垂，例如年龄较大者或经常化妆且卸妆方法不得当者，会使

上眼皮松弛或眼睛下垂，这类人群可以通过使用美目贴改变现状，将松弛的眼皮提起来，将下垂的眼角适当提升，使眼睛看起来显得年轻、有精神。

表6-2-1中归纳了各类眼型的特点及是否适合粘贴美目贴。

表6-2-1

眼睛类型	褶皱线	睫毛线	可否粘贴	效 果
双眼皮	有	外露	可以	好
内双	有	内藏	可以	好
假双	微弱	外露或隐藏	不可以	不好
单眼皮	无	隐藏	不可以	不好

五、美目贴粘贴技法

①根据眼型的需要，使用美工刀和弯头小剪刀，修剪出一段合适的美目贴。注意要将头尾的尖状修剪成弧形。

②闭上眼睛确定需要粘贴的长度和宽度，单眼皮女生可根据喜好来选择，希望双眼皮褶皱线明显时，需要修剪得较粗一些，粘贴在眼皮较高一些的位置；内双的眼睛则粘贴在比原有双眼皮褶皱线高2 mm的位置；一只外双一只内双，或褶皱线一个较宽一个较窄，则以外双或较宽褶皱线的高度为标准粘贴。

③将修剪好的美目贴用眉镊由眼头往眼尾方向贴。先将眼头固定，再将美目贴拉出弹性顺势朝眼尾方向粘贴，这样美目贴会更加平整并粘贴得更加牢固，且不易脱落。

④美目贴的使用一定要在上底妆之前，这时的皮肤比较干爽，美目贴的黏度接触皮肤会比较牢固，如果上完底妆后再粘贴，油性的底妆会使美目贴不易粘贴在皮肤上，而且在出油出汗时更加容易脱妆。另外，贴完美目贴再上底妆，能够使美目贴更加隐形，完美的底妆能够将美目贴与皮肤融为一体，天衣无缝。

⑤为避免美目贴产生反光效果，还可以在粘贴好的美目贴上轻拍一些散粉，或画上眼影，这样就可以使粘贴成功的双眼皮既自然又漂亮，如图6-2-1所示。

前后对比

贴美目贴之前　　贴美目贴之后

图6-2-1　粘贴美目贴

六、粘贴美目贴时的注意事项

①美目贴的宽度一定要合适。特别是双眼皮褶皱线较窄的人群，更要注意美目贴的修剪宽度，太宽的美目贴会在睁开眼睛后挡住眼球。

②减少修剪美目贴的次数。在修剪美目贴时，要尽量一次成型，重复的修剪会使美目贴失去原有的黏度。所以初学者要在课后加强练习，修剪不同形状的美目贴，这样在实际

操作中才能做到一次成功。

　　③美目贴的两头不宜太尖。在修剪美目贴时，刚刚修剪下来的美目贴通常两头都很尖，这时要注意将两头修剪成弧形。

　　④保证美目贴弧度的光滑。修剪美目贴时要注意上弧度的光滑，在修剪过程中，不能因为手抖而将美目贴剪成锯齿状，这也是需要加强练习的原因之一。

　　粘贴美目贴时的注意事项如图6-2-2所示。

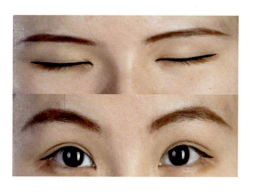

图 6-2-2　粘贴美目贴时的注意事项

项目三　修眉技巧及标准眉型

一、修眉

　　修眉是人们为了使面部更好看、更清爽所采取的一种行为。通常需要借助修眉刀、眉钳、剪刀等工具来对眉毛进行打理。修眉即是对眉毛的造型、形状、轮廓、线条进行人工的修整。

二、眉毛的修剪步骤

　　①根据脸型确定所要修剪的眉型。

　　②将刷子平放在两只眉毛的上方，用于检查两边眉峰的高度，如果两边眉峰的高度相差超过 0.3 cm，才需要修眉峰，以使两边的眉峰高度一致。

　　③在开始修剪时，应先使用刮眉刀或刀片将眉眼之间的杂毛刮去，对于不会修剪眉毛的人群，也可先用眉笔画出所需眉型，再用刮眉刀将眉型之外的眉毛刮去。

　　④使用眉梳或眉刷，将眉毛从眉头向眉尾方向梳顺，再用弯头剪刀将长于主眉型的眉毛剪短。

　　眉毛的修剪步骤如图 6-3-1 所示。

图 6-3-1　眉毛的修剪步骤

三、标准眉型

标准眉型如图 6-3-2 所示。

眉头：鼻翼至内眼球的延长线。

眉尾：鼻翼至外眼球的延长线。

眉峰：黑眼球外边缘的垂直延长线上，眉毛的 2/3 处。

图 6-3-2　标准眉型

四、画眉方法

①先确定三点，即眉头、眉峰、眉尾的位置。

②根据头发和眉毛的浓淡来选择眉笔的颜色。

③用眉笔顺着眉毛的生长方向在眉毛空缺的地方一根根填补。

图 6-3-3　画眉方法

④用眉刷粘上眉粉，先从眉峰开始一直刷到眉尾，然后用余粉刷眉头，眉头的颜色要比眉峰和眉尾浅，才会看着舒服有立体感。

⑤用螺旋刷梳理整齐眉毛，将多余的眉粉刷掉，使眉毛更加自然和谐。

项目四　面部底妆基础晕染及立体晕染技巧

一、粉底的涂抹方法

粉底的涂抹方法为推、拉、按、压。

二、粉底的要求

非均匀涂抹。在涂抹粉底时，不需要在整张脸上均匀地涂抹粉底，而是在皮肤状态较差的地方涂抹得相对厚一些；在皮肤状态好的地方，则涂抹得薄一些甚至一带而过，这样涂抹出来的粉底会更加自然、清透。

三、涂抹粉底的注意事项

①在涂抹粉底时要注意与脖子的衔接。

②注意脸部的小角落，如鼻翼、嘴角、眼角、眼睛下方等。

③在涂抹粉底时，不要将粉底打到眉毛里。

四、立体粉底的打法

立体粉底的打法如图 6-4-1 所示。

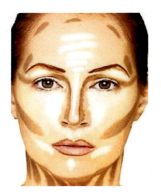

①先选择与肤色最接近的粉底颜色，在全脸涂抹粉底，其要求参照前文介绍的粉底打法。

②选择比基底颜色深一至二个号的粉底，涂抹于发际线至全功下线的位置。其方法是由后向前涂抹，颜色由后向前越来越浅，最后衔接到自然肤底的颜色。圆脸型适合做三角形暗影，方脸型适合做弧形暗影。

③选择比基底颜色浅一个色号的粉底，涂抹于需要提亮的位置，如 T 区、C 区、下巴、额头及眉骨。

图 6-4-1　立体粉底的打法

④用定妆粉将脸部整体定妆，再使用修颜粉加强暗影及提亮的部位。

项目五　完美定妆技巧

一、定妆粉的作用

①定妆。定妆粉即为散粉，主要作用是定妆。扫上定妆粉将底妆固定，可使妆容更加持久。

②控油。定妆粉能够洗掉脸部及底妆中的油分，使底妆不容易花妆。

③准备。为后续的化妆步骤——眼影、腮红等做好准备。

注意：化妆品规律——粉碰粉，油碰油。

二、定妆粉的涂抹方法

定妆粉的涂抹方法如图 6-5-1 所示。

①先将适量散粉倒入盒盖中，使用散粉刷蘸取少量散粉轻轻点在脸上的各个部位，需要少量多次地上，用手指背碰触脸上的不同部位，感觉不油腻，不黏手，很清爽，就说明定妆粉的量足够了；如果不行，需要重复以上步骤。

②选择一块干净的粉扑轻轻按压全脸，使定妆粉与肌肤更加贴合，不易脱妆。

图 6-5-1　定妆粉的涂抹方法

项目六　眼部化妆技巧

一、眼影的画法

（一）平涂式眼影技法

平涂式眼影即是采用单色或复合色（将两种或两种以上的颜色融合在一起），从睫毛根部开始均匀地涂抹到眼睑上。

1. 平涂式眼影的范围

平涂式眼影的最大范围不宜超过眉眼距离的1/2。如果范围太大会使眉眼距离缩短，使妆容显得过于夸张；太小则又完全看不出来。

2. 平涂式眼影的形状

常见的眼影形状：眼头眼尾呈尖状，最高点在黑眼球外边缘的垂直线上，眼尾高于眼头。

3. 平涂式眼影的画法

晕染平涂式眼影时，由睫毛根部开始逐步向上晕染。为了提升眼妆的层次感，让双眼更具神采，睫毛根部的眼影应描画得更浓一些，色彩应深一些，然后逐渐向上由深到浅慢慢消失在眼皮上。在眉骨处用亮色提亮增加脸部立体感，与眼影上方自然衔接，如图 6-6-1 所示。

图 6-6-1　平涂式眼影的画法

（二）渐层式眼影技法

1. 渐层式眼影的定义

渐层式眼影是指用单色或复合色从睫毛根部开始，颜色渐变，由深至浅的变化，逐渐晕染出层次的效果。

2. 渐层式眼影的特点

渐层式眼影的特点在于层次感，颜色的渐变，眼影的颜色从睫毛根部开始，由深至浅逐渐消失。

3. 渐层式眼影的画法

渐层式眼影的画法如图 6-6-2 所示。

图 6-6-2 渐层式眼影的画法

①先用珠光粉色在整个眼眶上均匀涂抹，其作用在于提亮整个眼皮的色调。

②第一层的颜色选择同色系中最浅的，采用平涂式眼影的技法，均匀地涂抹在眼皮的 123 区。

③第二层颜色的选择比第一层颜色要深，通常可以使用同色系中最深的颜色来进行涂抹，以平涂式眼影的技法均匀地涂抹在眼皮的 123 区，其范围小于第一层。

④第三层的颜色选择比第二层颜色更深的，通常可以使用同色系中最深的颜色混合黑色来进行涂抹，以平涂式眼影的技法均匀地涂抹在眼皮的 123 区，其范围小于第二层。

⑤最后颜色深入睫毛根部，即为眼线的颜色。

⑥下眼影选择第三层的颜色，由眼尾向眼头方向涂抹。

⑦用珠光白提亮眉骨处，以增强眼部的立体感。

4. 渐层式眼影的注意事项

①颜色越深范围越小，颜色越浅范围越大。

②注意层与层之间的衔接，一定要晕染，使用大的眼影刷在眼影的边缘线进行晕染，衔接层与层之间颜色的过渡，最后衔接到皮肤颜色。

③在颜色的选择上尽量选择同色区或邻近色区。

二、标准眼线的画法

标准眼线的画法如图 6-6-3 所示。

①给模特描画眼线时，让模特斜向下看，微闭眼睛；给自己描画眼线时，可在眼睛下方放一面镜子，眼睛尽量朝下看。

②用手轻轻提拉眉骨，使睫毛线充分暴露出来，让睫毛线

图 6-6-3 标准眼线的画法

横切面清晰地显现。

③初学者可先采用打点的方式，即将睫毛中间的缝隙填满，千万不可留白，否则会很难看。

④打点后，再从眼头向眼尾的方向描画，直至描画到最后一根睫毛。

⑤在描画标准眼线时，眼头、眼尾稍细些，眼睛中部稍粗些。

⑥眼线的宽度应根据双眼皮褶皱线的宽度来决定，不超过双眼皮褶皱线宽度的1/2，否则会将双眼皮画成单眼皮。

⑦眼线应该是一条平滑的弧线，不能画成锯齿状。

⑧下眼线的位置：紧贴睫毛线，根据妆容的要求确定长度，浓妆时要勾画整个下眼线；淡妆时，上眼线：下眼线=7∶3，下眼线从眼尾向眼头方向描画。颜色最深的地方在眼尾，颜色逐渐变淡消失，同时下眼线要浅于上眼线。

三、睫毛的修饰

俏丽浓密的睫毛不但能够使眼睛看起来更加神采奕奕，也会为女性增添几分妩媚。细长、弯曲、乌黑、闪动而富有活力的睫毛对眼型美，以至整个容貌美都具有重要的作用，睫毛的修饰包括夹睫毛和刷睫毛膏两个步骤。

（一）夹睫毛的方法

①眼睛斜向下看，让睫毛线充分暴露出来。

②先从睫毛根部开始夹，睫毛夹与上眼睑完全贴合，每夹一次需要长压8～10秒，才能够使睫毛成型。当睫毛根部夹好后，不要马上结束，应将睫毛夹微微松开，同时手微微抬起，夹到睫毛中部，最后夹到睫毛尖部，应根据睫毛的长度选择夹两段或三段。

③睫毛根部起着支撑的作用，是夹睫毛时的重要部位，如图6-6-4所示。

图6-6-4　夹睫毛的方法

（二）刷睫毛膏的步骤

①浓密型睫毛膏。由睫毛根部开始向睫毛尖部以"Z"字形动作刷上睫毛膏，这种刷法可以使睫毛更加浓密。

②纤长型睫毛膏。睫毛浓密但较短的人群在刷睫毛时应垂直于睫毛根部由下向上刷，用睫毛梳在睫毛膏半干的情况下将打结的睫毛梳开，会使睫毛根根分明且纤长，刷睫毛膏的步骤如图6-6-5所示。

图6-6-5　刷睫毛膏

项目七　颊部化妆技巧

一、腮红的位置

腮红颜色的重点在颧骨上，呈晕染状态，周围慢慢变浅，淡化。

①上限：不宜超过外眼角的延长线。

②下限：不宜超过鼻底至耳底的延长线，否则会使脸部肌肉显得下垂，增加年龄感。

③前面：不宜超过黑眼球的垂直线。

图 6-7-1　腮红的打法

二、腮红的打法

从鬓角开始斜向鼻尖方向，在颧骨上做晕染，手法有斜扫、螺旋扫、轻拍等，如图 6-7-1 所示。

三、注意事项

①注意颜色的晕染过渡。

②注意腮红边缘线的衔接。

③注意腮红颜色的选择（腮红的颜色与口红颜色保持在一个色系中）。

项目八　唇部化妆技巧

一、标准唇型

标准唇型如图 6-8-1 所示。

①上唇与下唇之比为 1∶1.5。

②唇的长度：两只眼球内边缘的垂直延长线。

图 6-8-1　标准唇型

二、唇部的名称

唇部的名称为上唇、下唇、唇峰、唇珠、唇谷、唇角。

三、画唇方法

（一）唇色暗淡

①上底妆时，嘴唇需涂上一些粉底。

②选择一支和唇色相近的打底唇膏并涂抹上，这样就可以让唇色均匀起来。

③使用亮色唇膏在双唇上色后，将薄面纸轻轻覆盖在双唇上。

④用粉扑或粉刷蘸少许蜜粉，轻刷面纸所覆盖的唇部，然后轻揭起面纸，唇色就会更鲜明持久。

画唇方法如图 6-8-2 所示。

图 6-8-2　画唇方法

（二）唇型不明显，唇型不佳

①先使用手指或刷子蘸取金色或珍珠光眼影轻轻点饰在上唇的外围。

②用唇笔清晰地勾勒出整个唇型。

③将唇刷蘸湿顺着唇线往唇中央均匀涂抹。

④最后使用唇膏上色，即能展现轮廓明显且自然的唇型。

（三）唇型太厚或太薄

1. 唇型太厚

①先用唇膏为双唇上色。

②以遮瑕刷轻轻勾勒唇角两侧及上下唇两侧外围。

③在下唇中央重复加强唇膏上色，凸显唇部的饱满部位，将最明亮的唇彩刷于下唇中央，这样就能自然地掩饰唇型过厚，将人的视线集中在唇部中央。

2. 唇型太薄

①先用和唇膏同色系的唇线笔勾勒上下唇轮廓，可以稍微画出边界一点。

②用唇膏上色，可使上唇的颜色浅些，下唇的颜色深些，就会出现轮廓自然、丰满迷人的双唇效果。

项目九　整妆全面检查

在整个妆面完成以后，应通过镜子来检查妆容中的不足。例如妆面是否对称（眉型、眼妆、腮红），有无脱妆等现象，颜色搭配是否统一和谐。

一、实例 A　靓丽清爽的裸妆

靓丽清爽的裸妆如图 6-9-1 所示。

（一）模特分析

此模特属于标准脸型，肤质姣好，肤色白皙，五官清晰，发色为黑色。

（二）妆容点评

1. 粉底

打造出自然、清透的底妆效果，可采用 BB 霜或粉底液。

图 6-9-1　靓丽清爽的裸妆

2. 眼部妆容

（1）眼影

裸妆给人呈现出来的效果应该是有妆似无妆，因此眼影采用大地色增加眼部的立体感，无须因过浓而显得过于明显。

（2）眼线

选择极细的眼线笔，在睫毛根部细细地描画，只需描画到最后一根睫毛处，无须拉出眼尾，其目的是增加睫毛线的浓度，使眼睛更加有神。

（3）睫毛

清晰可见的睫毛是裸妆的要点，要打造出根根分明的睫毛效果，可在睫毛膏未干时用睫毛梳将睫毛梳开。

3. 眉毛

眉毛适合使用棕色或者灰色眉笔或眉膏进行描画，同时使用眉粉会使眉毛呈现立体感。

4. 腮红

腮红一定要选择自然的颜色，轻轻由笑肌的位置往外刷，带有提亮效果的腮红可以突出面部轮廓。

5. 嘴唇

裸妆不等于裸唇，裸妆不一定要配合颜色很淡的唇膏，可以选择大地色系的保湿唇膏，配合提亮效果的唇蜜，营造出水润的唇妆效果。

二、实例 B　时尚干练的职业妆

时尚干练的职业妆如图 6-9-2 所示。

图 6-9-2　时尚干练的职业妆

（一）模特分析

此模特属于标准脸型，肤质姣好，肤色白皙，五官清晰，发色为黑色。

（二）妆容点评

1. 粉底

底妆一定要服帖，颜色亲肤，如面泛油光，可使用蜜粉定妆。打造妆容时尽量少用遮瑕膏，厚重的遮盖会给肌肤造成不适感。

2. 眼部妆容

（1）眼影

眼影使用棕色系以平涂的方式涂抹在上眼皮处，注意范围的控制。

（2）眼线

为了让眼妆看上去更自然，可用棕色的眼线笔和睫毛膏替代黑色的。

（3）睫毛

睫毛在职业妆中也不适合太过浓密，特别是呈块状的睫毛会使妆容看起来不清爽、脏脏的，因此也应打造出根根分明的睫毛。

3. 眉毛

尽量不用黑色眉笔，最好在需要化妆的前一个晚上将眉型修整妥当，注意眉毛不要修得太短，长度应从眼内角上方开始到眼尾上方，不要超出。如果想突出眉毛，可在化妆时利用眉笔加深眉毛的阴影。

4. 腮红

在办公室环境里，可以尝试用暖色系的大地金，这种颜色在日光灯下会显得自然，而粉红色腮红不适合职业妆容，会让肤色看起来做作。皮肤黝黑的女士应该用棕色、赤土色和栗色。

5. 嘴唇

唇部修饰应注意与眼妆搭配。上班时，可以选择中性色调的口红，例如棕色、深咖啡色或桃色，也可以使用唇彩。

三、实例 C　休闲外出的魅力妆

休闲外出的魅力妆如图 6-9-3 所示。

图 6-9-3　休闲外出的魅力妆

（一）模特分析

此模特属长偏方的脸型，肤质好，肤色白。

（二）妆容点评

1. 粉底

打造出自然、清透的底妆效果，可采用 BB 霜或粉底液。

2. 眼部妆容

（1）眼影

休闲妆容中眼影要求淡化，采用平涂式眼影技法即可。

（2）眼线

在睫毛根部细细地描画出一条平滑的眼线，眼尾处可根据自己的眼型进行调整。

（3）睫毛

可根据自身的睫毛特点选择浓密或纤长型的睫毛膏，也可使用防水型睫毛膏。

3. 眉毛

眉毛适合使用棕色、灰色眉笔或眉膏进行描画，同时可以用眉粉，会显得眉毛立体。

4. 腮红

腮红一定要选择自然的颜色，轻轻由笑肌的位置往外刷，带有提亮效果的腮红可突出面部轮廓，如果模特脸色较好也可不涂抹腮红。

5. 嘴唇

使用保湿的唇膏即可，也可根据外出服装来选择相符合的唇膏颜色。

四、实例 D　魅力四射的时尚妆

魅力四射的时尚妆如图 6-9-4 所示。

图 6-9-4　魅力四射的时尚妆

（一）模特分析

此模特属于长偏圆的脸型，肤质姣好，肤色白皙，五官清晰。

（二）妆容点评

所谓时尚妆，就是整个妆容时尚度高。时尚度高有两层含义：一是与现时的流行一致；二是与整个的着装风格相吻合。

【实训项目】

实训内容	操作方法	基本要求
1. 美目贴的修剪及粘贴	1. 标准形状的修剪 2. 前月牙形状的修剪 3. 后月牙形状的修剪 4. 细月牙形状的修剪 5. 分析自己及其他同学的眼型特点 6. 练习粘贴美目贴	1. 教师须先讲解并示范正确的操作方法及规范动作 2. 分小组进行实操训练，并提醒学生注意事项 3. 小组操作后需有点评
2. 眉型的修剪	1. 分析脸型特征，并确定与其相适应的眉型 2. 熟悉修眉的步骤 3. 掌握刮眉、拔眉及剪眉的方法	

续表

实训内容	操作方法	基本要求
3.面部底妆的晕染	1.掌握上粉底的方法 2.根据不同肤色及肤质选择不同质地及颜色的粉底 3.立体粉底的原理及晕染方法	1.教师须先讲解并示范正确的操作方法及规范动作 2.分小组进行实操训练，并提醒学生注意事项 3.小组操作后需有点评
4.定妆技巧	1.如何打造出轻薄透的定妆效果 2.定妆粉的涂抹方法	
5.眼影的晕染技巧	1.平涂式眼影范围的掌握 2.平涂式眼影晕染技巧的掌握	
6.眼线及睫毛的修饰	1.眼线描画的位置 2.标准眼线的画法 3.夹睫毛的方法 4.刷睫毛膏的方法	
7.腮红及口红的涂抹	1.腮红位置的掌握 2.标准腮红的晕染方法 3.口红颜色的选择技巧及描画方法	

【知识链接】

化妆品是使女人变美丽的武器，如果懂得善用，会令人更加娇媚动人。

1.粉底和遮瑕膏应如何选择？

粉底和遮瑕膏的颜色应与肤色接近，不要太白或太黑。先用遮瑕膏遮盖脸上的瑕疵，再涂抹粉底。

2.涂抹粉底有哪些小窍门？

先在脸部中央位置涂抹少许粉底，然后渐渐地向两边脸颊均匀抹开，直至消失在发际和下巴处，化妆时，环境的灯光有学问，以自然的日光灯为最佳效果。

3.肤色较深的人群适合使用哪些颜色的眼影？

淡色的眼影不适合肤色较深的人群，棕色系和大地色系都是肤色较深人群较为合适的选择。

4.粉底的自然效果是如何达到的？

涂抹粉底有很多技巧，切忌使用过量的粉底，否则厚厚的看起来如同戴上面具一般，建议使用湿润的海绵或手指慢慢地涂抹，少量多次，方便控制分量，以达到最完美、最自然的效果。

5.睫毛夹多久换一次合适？

当睫毛夹失去张力或有杂物积聚时，就是应该换掉的时候了。要做到好好地保护睫毛夹，应在每次使用完后及时清洗干净，并保持干燥。

【作业处理】

1.掌握化妆的正确步骤，严格按照要求来完成妆容。

2.适合粘贴美目贴的同学，坚持每天使用美目贴来调整自己的眼型。

3.每天实践完成适合自己的整体妆容。

模块四

职业发型设计

[知识目标] 掌握发型选择的基本要求，学会根据自己的发质、体型、脸型选择适合自己的发型。了解民航服务人员的发型特征与职业标准。

[能力目标] 熟练掌握发型与脸型的基础知识，掌握保养头发的正确方法，学会科学护理头发，女乘务员会盘发。

[课前导读] 恰到好处的发型可以衬托出人的外在形象美和个性气质美，塑造出优雅的气质和良好的风度。民航服务人员在进行个人头发修饰时，要根据民航乘务员的工作性质、工作规范，再根据自己的审美习惯和自身特点对头发进行修饰和美化，并且要注意日常清洁和保养。本模块介绍的是一些简单的头发修饰技巧，与专业美发是有区别的。

第七单元 》》》》》》》》》

民航服务人员发型设计

现代职场发型设计对于个人形象有着非常重要的作用。发型设计最大的特征就是其个性化特征。而职业发型设计则通过对职场环境与职场要求而有针对性地完成个人的发型，其特征具有明显的职业性。民航服务人员的发型则应以工作性质和工作环境来设计发型，其发型特征以职业性为主。

项目一 职业发型设计的概念

一、发型的概念

头发是人体生长的一种毛发，头发的美是一种物质的美，发型的美则是一种状态的美。发型是人类处在一定空间或环境的活动形象，任何一款发型都应有相应的空间或环境，发型与人体、与环境之间应该是一种相依共融、协调统一的关系，共同创造出一种和谐之美。发型有时还需要发饰来陪衬，如发簪、发夹等，发型与发饰之间是一种有序的、科学的搭配关系，同时又是一种互补的、协调的整体关系。现代发型机构每年都会举办发型发布会，如沙宣、国际标榜、汤尼盖等。在发布会期间，主办方会邀请很多新闻记者、行业知名人士参加，从而扩大影响力和传播面，更多的设计师会根据发布会上发型的风格特征和造型特征对其进行再设计，从而产生适合市场需求的实用性发型，这样发型就从最初的发布会上，逐步传播到社会的各个层面，并被人们广泛接受、运用，这就形成了一定规模的流行。

二、发型设计的概念

发型设计是指发型设计师运用一定的思维形式、美学规律和设计程序，将其设计构思，以人体的头发为对象，通过相应的手法和工艺（主要包括剪、烫、染、梳等），使其设想实物化的过程。

发型设计在造型上和大多数艺术门类一样，有三个主要因素，即款式、颜色、纹理。在这三个因素中款式是最重要的，起着决定性作用，对脸型能起到扬长避短的效果；头发的颜色能改善人的肤色，从而提高人的气质和健康度，增强魅力；纹理对于发型可起到修饰作用，能增强色彩的艺术气氛和审美感受。在发型设计中，这三个要素相互制约、相互依存。在不同的发型设计中，三要素的侧重点也会有所不同。

①按照艺术性分为：生活发型设计和艺术发型设计。

②按照风格分为：前卫发型设计、时尚发型设计、流行发型设计、传统发型设计、古典发型设计。

③按照长短分为：短发设计、中长发设计、长发设计。

④按照卷曲度分为：直发设计、卷发设计。

⑤按照工艺方法分为：剪发设计、烫发设计、染发设计、梳妆设计（也称晚妆设计、盘发设计等）。

三、职业发型设计的概念

职业发型设计是职业和身份的个人社会角色的体现。设计发型时要注意了解设计对象所从事的职业，如教师发型，要求自然，端庄；科研人员发型应方便梳理，清爽；白领职员发型则要讲究庄重，洒脱；电视播音员发型，要看她(他)所主持的节目需要什么样的发型，是时尚的还是古典的或者是很奇怪的。军人、学生发型，留发不宜过长，应以短发为主。对于上班时需戴帽子的人们，设计发型时既要考虑到戴帽子方便，又要考虑到脱了帽子时发型不会变化太大，对于经常在露天作业的人们，设计发型时应以实用、梳理方便为主；跳水运动员发型设计要求简洁、动感；高空杂技演员发型以束发为主；商人的发型应显得华贵、流行；美容美发师的发型要新潮、文静、典雅、浪漫、富于变化；文艺工作者发型需要时尚、新潮、典雅或者是奇特的，不管怎样，发型需要符合工作的需要。

项目二　职业发型的特征与分类

职业发型的特征往往与职业之间有着不可分割的关系，人们会根据自己气质的不同来

选择不同的发型方式，既需要相关人员能根据自己职业的不同来选择适合自己的发型。职业发型的整体表现是比较简单的，发型能够体现出职业的特点。那么，职业发型的梳头方法也是结合这样的发型来表现的，梳出来的头发只要能够表现出发型的整齐和发型的层次特点就能很好地将职业发型展示得很美丽，也是它在发型中的最佳展示。

职业发型怎么梳才好看。俗话说，三百六十行，行行出状元。各行各业都有自己独特的工作内容和工作环境，要做一个成功的职业人士，发型是不能忽视的重点。也许会在美丽和职业化两个标准之间摇摆挣扎，但只要注意了一些基本的原则，美丽和干练就可兼得，以协调好自己的发型风格和工作环境。从事不同职业的人，可以有不同的发型造型风格，故将发型分为下述四大类。

一、直发

直发可分为短发、长发、穗发等。

①运动员和体育爱好者往往需要长期训练，发型特征是简单容易打理，干净利落，留发较短，线条简洁流畅，发型持久，易于梳理。这种发型对露天操作工作者也较适宜。

②短发是女生清爽靓丽的体现，作为职场女性，清爽的短发可以给客户和同事留下好的印象，能够突出自己精明能干的一面，无论采用什么发型，最重要的就是干净和整齐，6～8周至少要修理一次。如果头发长得快的话，4～6周就需要修理了，如图7-2-1所示。

图 7-2-1 短发

挑选头发护理产品也是关键。放弃那些让自己头发看起来非常僵硬的定型和护理产品，选择一些能带来柔软光泽的产品，这既能帮助自己赶上潮流，又给人以非常职业化的感觉。

③长直发打造淑女气质，一头顺滑的长发披肩，一向给人干净利落的印象，彰显女性柔美可爱的情怀，这类发型适合学生、接待员，也适合职场女性。

直发需注意的问题是：短直发——要稍微长一点，前面的刘海切忌蓬乱；长直发——注意保持长发的干净和光亮。否则会显得非常邋遢，长直发如图7-2-2所示。

图 7-2-2 长直发

二、卷发

教师及机关事业单位人员的发型要求线条简单、波纹平淡自然，发型优美大方，朴实端庄，如图 7-2-3 所示。

图 7-2-3　直卷发

直卷发型直卷相间，显得有个性又不夸张，在原本直发的基础上，将发尾吹出卷的效果，使头发显得蓬松而不凌乱，空气感十足，也可将职场女性外柔内刚的特点展现得淋漓尽致。

卷发需注意的问题是：短卷发——选用适合自己发质的产品以保持头发的整洁和服帖；长卷发——给头发一点蓬松的感觉，可通过将头发分层修剪以保持整齐和便于造型。

三、盘发

盘发多为接待服务人员的发型，比如酒店、企业的服务营业人员、导游、外贸接待人员，发型应以整洁美观为主，既有民族特点，又有时代气息，给人以健康明朗、文明礼貌的良好印象。这类人可选择将头发盘卷起来，梳理整洁，前不遮眉，后不过领，发型美观大方。民航服务人员的发型尤为如此，如图 7-2-4 所示。

图 7-2-4　盘发

职业盘发操作简单，即将所有发型拧卷造型，突出美观大方、干练、妩媚。可借助 U 形发夹、隐形发网或盘发花夹完成如图 7-2-4 所示的发型。

四、编发

最具代表的编发是黑人发式。非洲人讲究发型，尤其是妇女，她们除了穿着艳丽多彩的服饰外，还喜欢梳新颖、雅致的发型。非洲妇女的头发生来卷曲，自己无法梳理，需要别人帮助。

其原因与黑色人种的发质有关：黑色人种的头发不论男女，均是密密实实的小卷儿，而且很软，一层压一层，但每一根头发总长度不会超过 2 ～ 3 cm。而这种卷曲的短发一旦长出来以后，头发的尖端又开始曲卷过来往回长。特别是在出汗时，贴在头皮上很不舒服，他们的发质很脆弱，而且紧贴头皮，梳理和造型都不是很方便，以前梳一个发型往往要费上六七个小时。为保持心爱的发型不被弄乱，非洲的人们发明了中间凹、两头凸的木枕头，这样睡觉虽然不怎么舒服，但发型却容易保持；他们还常常用油脂等给头发定型，并尽量减少洗头的次数，故多将头发辫成辫子，如图 7-2-5 所示。

图 7-2-5　编发

图 7-2-6　长发造型

选择长发还是短发仍是一个难以决定的问题。的确，短发给人以干练的感觉，不过，长发收拾好了，也一样有职业化的感觉。只要干净、没有披散在脸上或肩上，一样非常干练，同时还可将美丽的长发编起来造型，如图 7-2-6 所示。

不管你是直发还是卷发，都可以用编发来造型，以营造出完美温婉、优雅大方、魅力迷人的气质。

项目三　　职业发型与脸型

脸型是决定发型的重要因素之一，适合自己脸型的发型才是最重要的，不是任何流行发型都适合自己，不管是圆脸、方脸、瓜子脸还是长型脸，都要掌握各种脸型需要修饰的重点，巧妙地运用发型线条来修饰脸型，从而达到脸型与发型的完美搭配，发型是体现美的一种艺术，发型设计与脸型的搭配不仅能够突出优点，遮掩自己脸型的缺点，更能提升自身的气质魅力。

一、为不同的脸型量身设计发型

1. 鹅蛋形脸

鹅蛋形脸中间宽，两头尖，容易搭配任何发型，只需想好需要的发型，按部就班地修剪即可。比如想要突显眼睛的轮廓，可以尝试在眉毛上方修剪厚厚的直刘海。

2. 圆形脸

短发的造型或者刘海只会使圆脸显得更圆。与此相反，在脸颊附近或偏下的部分将头发分层，既能够盖住脸的宽度，又可将他人的注意力从脸上引开。另外，在头顶部增加发型的高度可以拉长脸型。

3. 心形脸

想要使一个小小的，尖尖的下巴显得自然，就必须在与下巴等高处增加层次，这样下巴周围的区域就会被填满。另一种做法是在下巴边上做出发卷，下巴的轮廓就会显得宽一些。

4. 长形脸

要使长形脸熠熠生辉，必须减少头顶部的头发量，因为头顶部的头发太多让脸显得更窄。让头顶的头发尽量服帖，在与鼻子等高处增加凌乱的刘海或者扩散的发卷可将脸型塑造得宽一些。

5. 方形脸

方形脸女性的脸中部看上去会非常美，给方形脸的人剪头发，应该采用斜角剪法。中等长度或较长的层次会使从额头到下巴的曲线显得柔和。

二、脸型配合发型的处理方法

①适合圆形脸的发型应该是将圆的部分盖住，以使脸显得长一些，比如头发侧分可以增加高度——用吹风机和圆齿梳将头顶吹高，两边的头发略盖住脸庞，头发宜稍长，或者两边的头发要紧贴耳际，不要露出耳朵，稍留些短发盖住脸庞，头发倒分，长过下巴是最理想的，如图7-3-1所示。

②长脸型的人应该选择使脸看上去没有那么长的发型，同时要好好利用刘海。可在前额处留刘海，前额的刘海可以缩短脸的长度，两边修剪少许短发，盖住腮帮，脸就不显得

图7-3-1　圆形脸发型

图 7-3-2　长脸型发型

图 7-3-3　方脸型发型

长了，如图 7-3-2 所示。

③方脸型的人的搭配应该是顶部的头发蓬松，使脸变得稍长，往一边梳的刘海会使前额变窄，头发宜长过腮帮，侧分的头发显得蓬松，可使脸型变得柔和。另外还可用不平衡法来缓解，因为每个人的脸长得并不匀称，某一边要比另一边漂亮，侧分头发可偏向漂亮的另一边，将头发尽量往一侧梳，以造就不平衡感，可缓解四方脸的缺陷，如图 7-3-3 所示。

西方明显蓬松自然的卷发造型吸引了不少国内女士的眼球，但是亚洲人的脸型因为没有西方人脸型那么立体，所以大卷发放在亚洲人的头上会变得很沉重，这时就要通过调整发色和发量来平衡，比如将发色染成棕色，适合减少头发的量，在视觉上会收到不错的效果。

总之，发型的改变可使人的面貌发生很大转变。外表正是让内在得以与外界沟通的桥梁，唯有恰如其分的外表方能正确无误地将心里的讯息传递出去；往往一个人的内在很专业，而外在却不够专业或者毫不在意，这都会直接地影响到别人对你能力的肯定。所以发型一定要协调好与职业、脸型的相互关系，才能突显本身的职业魅力。

三、体形与发型的搭配

体形与发型的搭配主要体现在发长与厚度，这里将所有的身材归纳为三种类型。

1. 矮胖型

矮胖型特点：腹部肥圆，胸宽面大，颈部短粗。

发型设计：不宜留长发，不然会显得更矮，以短发为宜，顶部头发略高侧发略短些、薄些，烫发不宜太卷太松。

2. 瘦长型

瘦长型特点：骨骼窄小，肩窄，四肢修长，全身肌肉不发达。

发型设计：不宜留过短的头发，否则会显得更单薄，长度应以肩部为宜，或更长，可以烫发成卷使头发适当地丰厚但不能太松散。

3. 标准型

标准型特点：个子高矮适中、胖瘦适中。

发型设计：适合长短发型，也可根据别的特征另行设计。

项目四　　民航乘务员发型的基本要求

一、男乘务员发型的基本要求

在《民航乘务员职业技能鉴定指南》中对男乘务员的发型提出了以下几点要求。

1. 发型庄重

空乘人员在选择发型时，应当有意识地使之体现庄重而保守的整体风格。唯其如此，才能与职业身份相称，才易于使自己得到服务对象的信任。民航服务工作者通常不宜使自己的发型过于时髦，尤其不能标新立异，而有意选择极端前卫的发型。

2. 剪短头发

男乘务人员的发型必须做到："前发不覆额，侧发不掩耳，后发不触领。"所谓前不覆额，主要要求头前的头发不遮盖眼部，即不允许留长刘海；所谓侧发不掩耳，主要要求两侧的鬓角不长于耳垂底部，即不应当蓄留鬓角；所谓后发不触领，主要要求脑后的头发不宜长至衬衣的衣领。为了保持自己的短发，应根据头发的一般规律，半个月左右修理一次头发最为恰当，如图7-4-1所示。

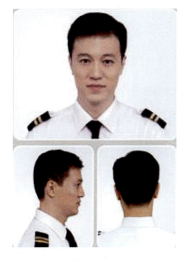

图 7-4-1　男乘务员发型

3. 不准染发

除了黑色之外，男乘务员不准染其他颜色的头发。

二、女乘务员发型的基本要求

1. 发型朴素

女乘务人员在为自己选择发型时，必须与其空乘服务人员的身份相符合，符合本行业的"共性"要求——简约、明快。

2. 长短适中

女乘务员可留短发，短发造型不宜奇特。头发长度不能超过衣领。前发须保持在眉毛上方不宜挡住眼睛。两侧头发干净利落、服帖。如果是长发，应将长发束起，盘于脑后，佩戴统一的头花。从各自的脸型特征来说，长脸不适合高盘发型，因脸长再做高盘发型则又增加了头部的高度，显得脸更长，所以长脸人适合低盘发型。从人的身高来说，高个子的人要选用低盘发型。矮个子的人适合高盘发型，尤其不要选择不等式或者偏重式发型。

图 7-4-2　女乘务员发型

头发少者可将头发用皮筋扎紧成马尾辫，蓄上假发髻或加些海绵等添加物或在头发根部用纱巾扎束，装满头花网后，再戴上头花，如图7-4-2所示。

3. 不准染发

除了黑色之外，女乘务员不准染其他颜色的头发。

【实训项目】

实训内容	操作方法	基本要求
1.头发发质的分析	1.能分辨自己头发的特征 2.总结出各小组人员的发质与脸型特征 3.写出各自的头发护理的方法	1.教师须先讲解并示范正确的操作方法及规范动作 2.分小组进行实操训练，并指导学生注意事项 3.小组操作后需有点评
2.各种发质的护理方法	1.能针对自己的发质正确选用护发产品，并实践完成 2.小组相互讨论不同发质的评价结果	
3.完成职业女性盘发步骤	1.按要求完成民航服务人员的盘发步骤 2.盘发训练，各小组拍照互评	

【知识链接】

简简单单护发养发

在日常生活中，做个有心人，利用身边一些简单、安全实用的材料，同样可以做好头发的保养、护理工作，还可以节省一些不必要的开支。

1.巧治落发

（1）柚子核治落发

如果头发发黄、斑秃，可用柚子核25克，用开水浸泡24小时后，每天涂拭2～3次，可加快毛发生长。

（2）生姜治落发

将生姜切成片，在斑秃的地方反复擦拭，每天坚持2～3次，可刺激毛发生长。

（3）蜜蛋油使稀发变浓

如果你的头发变得稀少，可用 1 茶匙蜂蜜，1个生鸡蛋黄，1 茶匙植物油或蓖麻油，与两茶匙洗发水、适量葱头汁兑在一起搅匀，涂抹在头皮上，戴上由塑料薄膜制成的帽子，不断地用温毛巾热敷帽子上部。过一两个小时后，再用洗发水洗净头发。坚持一段时间，头发稀疏的情况就会有所改善。

2.使头发变得光亮

（1）醋蛋

洗头时在洗发液中加入少量蛋白洗头，并较轻按摩头皮，会有护发效果。同时，在用加入蛋白的洗发液洗完头后，将蛋黄和少量的醋调匀混合，顺着发丝慢慢涂抹，用毛巾包上 1 个小时后再用清水清洗干净，对于干性和发质较硬的头发，具有使其乌黑发亮的效果。

（2）啤酒

用啤酒涂搽头发，不仅可以保护头发，而且还能促进头发的生长。在使用时，先将头发洗净、擦干，再将整瓶啤酒的 1/8 均匀地搽在头发上，再做一些手部按摩使啤酒渗透至头发根部。15分钟后用清水洗净头发，再用木梳或牛角梳梳顺头发，啤酒中的有效营养成分对防止头发干枯脱落有很好的治疗效果，同时可以使头发光亮。

（3）发油

头发洗干净后，将平时所搽发油的 1/3 加入清水中，将头发完全浸入，多余的水分用干毛巾吸去，会使头发光亮、润滑。

（4）茶水

在用洗发液洗过头发后再用茶水冲洗，可以去除多余的垢腻，使头发乌黑柔软、光泽亮丽。

3.清除头屑

（1）食盐

用食盐加入硼砂少许，放入盆中，再加入适量清水使其溶解后洗头，对于消除头皮发痒、减少头屑有很好效果。

（2）陈醋

将150毫升陈醋加入 1 千克温水中搅拌。每天若能坚持 1 次，不仅能去屑止痒，对于减少头发分叉、防止头发变白也具有一定效果。

【思考与练习】

1.简述如何选择发型及正确保养头发的方法。

2.简述民航服务人员的发型基本要求。

3.简述如何完整地完成职业女性盘发步骤，拍照完成该项目。

模块五

民航服务人员整体形象塑造

[知识目标]　掌握民航服务人员不同妆面的整体形象塑造，针对日妆、晚妆、职业妆等不同妆面及整体造型的展示，能清晰了解化妆效果。

[能力目标]　能了解各妆面的风格特征及化妆要领。

[课前导读]　化妆是每个民航服务人员必备的职业技能。精致而充满魅力的妆容对职场女性尤为重要。然而妆容也是分场合的，我们除了对职场妆容需要信手拈来，也需要掌握不同妆容的化妆要领。现在让我们来看看妆容主要有哪些分类吧！让你知道什么场合需要什么妆容，让自己轻松驾驭每一种妆容！

第八单元 》》》》》》》
民航服务人员不同妆型的整体形象展示

项目一　光源与妆面搭配实例分析

一、光色与妆色的关系

光色与妆色有着密不可分的联系，不同的妆色在不同光色的影响下会产生不同的色彩效果。色彩是由光线创造的，一个化妆形象之所以能给人以美感，除了形与色的构思作用外，光线的作用也是重要的因素。光色与妆色，决定着化妆造型的视觉效果，因此有必要了解光源与妆面搭配的有关知识。

（一）光源的种类

人们接收的光源有两种，即日光和灯光。日光光源的特点是色温偏高，光源偏冷，对妆面色彩的影响小。灯光光源的特点是可以变换光色和投照角度，化妆色调在不同色调的灯光下会产生变化。

（二）光的冷暖对妆面效果的影响

根据色相光可以分为冷色光与暖色光，冷暖色光可使相同的妆色产生变化。

①暖色光照在暖色的妆面上，妆面的颜色会变浅、变亮，效果比较柔和。如红色光照在黄色的妆面上，妆面会显得亮丽、自然。

②冷色光照在冷色的妆面上，妆面则显得鲜艳、亮丽。例如蓝色光照在紫色的妆面上，妆面效果更加冷艳。

③暖色光照在冷色的妆面上或者冷色光照在暖色的妆面上，都会产生模糊、不明朗的感觉。如蓝色光照在橙红色的妆面或者橙红色的光照在蓝色妆面上，都会使妆型显得浑浊。

因此，在确定妆容之前必须要先清楚自己将在什么光源下进行作业操作。

（三）各种色调的灯光对妆面的影响

1. 普通灯光的演色性

普通灯光的色光一般是低纯度橙黄色的暖色光。在这种光照射下的化妆色彩，黄味光加强了，照射后的色调统一，但明度一般较低。

2. 日光灯的演色性

日光灯的色光称为冷色光，带蓝味。红色、橙色系的色彩（包括石褐色系），色相没有什么变化，但明度、纯度稍微降低。黄色系的色彩，柠檬带有青色味，土黄类色彩的纯度变低。青色和绿色系色彩，基本上色相不太受影响，但会稍微变得更冷，沉着而生辉。紫色和紫色类的色彩，色相上会失去一部分红色味，蓝味有所加重。

二、光色与妆色的搭配方法

（一）实例 A　冷色光源下妆容搭配技巧

冷色光源下妆容搭配技巧如图 8-1-1 所示。

造型：如果工作环境是在冷色光源下作业，最好着相应的冷色调衣服。模特制服是紫色，属于冷色调。因此丝巾选择用同色的，偏冷色调的。眼影选用了粉红色，唇膏选用了桃红色，腮红选择了淡粉色。

图 8-1-1　冷色光源下妆容搭配技巧

图 8-1-2　暖色光源下妆容搭配技巧

（二）实例 B　暖色光源下妆容搭配技巧

暖色光源下妆容搭配技巧如图 8-1-2 所示。

造型：如果工作环境是在暖色光源下作业，最好着相应的暖色调衣服。模特制服是红色，属于暖色调。因此丝巾选择用同色大红色的丝巾，偏暖色调的。眼影选用了深棕及金色，唇膏选用了大红色，腮红选择了浅橙色。

项目二　职业妆塑造

一、日妆

（一）春季日妆

春季的面部妆容要给人以生机盎然的感觉。应以清新明快的色彩为基调，让人觉得或娇柔淡雅或明媚活泼。整个妆容质地应该淡雅、不厚重。

1. 化妆要领

（1）基础妆容

粉底选择应以粉底液为宜。春季温度适宜，可适当使用定妆粉，防止粉底液吸附粉尘。

（2）脸型修饰

脸型修饰不用强调轮廓，若鼻梁不高，可以用提亮色的晕染来提高鼻梁的视觉高度。

（3）眼部妆容

眼影：春季可以选择明快活泼的颜色。比如湖蓝、墨绿、浅橙色。亚洲人眼睛不适合用粉红、紫红色这样的颜色，因其晕染效果会使眼皮看起来浮肿。

眼线：使用黑色的眼线液或者眼线膏、眼线笔描画。

睫毛：使用自然卷翘型睫毛膏进行涂抹。

（4）眉毛

眉毛适合使用棕色或者灰色眉笔或者眉膏进行描画；切忌用眉粉，会显得厚重。

（5）嘴唇

春天可选择颜色鲜艳俏皮的唇膏打造唇部妆容。例如玫红、大红、橙红色涂抹。可用哑光色唇膏，也可用亮色唇釉。

（6）腮红

春天一定要用腮红。可以用粉红色或者浅橙色，甚至大胆地用桃红也可以。春天本是万物生长的季节，颜色艳丽会让人觉得有生机。

2. 造型

春季日妆造型如图 8-2-1、图 8-2-2 所示。

模特特征分析：此模特属长脸，肤质姣好，肤色白皙，五官清晰，发色为深咖色。

图 8-2-1　春季日妆造型 1　　　　　图 8-2-2　春季日妆造型 2

（二）夏季日妆

夏季炎热，需要清凉的妆容配合，"清凉妆"其实就是在化妆时力求去繁存简，做到既要突出局部优势，又能掩饰瑕疵。夏季的面部妆容应以细腻的质感、透亮的肤质创造出清新恬淡的浪漫情致。

1. 化妆要领

（1）基础妆容

粉底应选择隔离霜与 CC 霜结合为宜。夏天容易出汗，不宜用任何粉状类化妆品，以省去定妆粉为宜。

（2）脸型修饰

脸型修饰不用强调轮廓，若鼻梁不高，可用提亮色的晕染来提高鼻梁的视觉高度。

（3）眼部妆容

眼影：夏妆一切从简，最好不要打眼影，以突出夏季的清爽。如果一定要打，可选用如浅蓝、浅棕色。

眼线：夏天不要将颜色画得漆黑，如画得漆黑整个妆容会给人很重的感觉。可用眼线笔沿睫毛根部轻轻描画一条线后用小指晕开。

睫毛：使用自然卷翘型睫毛膏来涂抹。

（4）眉毛

眉毛适合使用棕色或者灰色眉笔或者眉膏进行描画，同时可用眉粉，会显得眉毛立体。

（5）嘴唇

夏天不宜用颜色过深或过于鲜艳的唇膏打造唇部妆容。在涂抹的过程中也不要用常规的涂抹方式。可以选择粉红、桃红、浅橙红色只涂抹于上下嘴唇内部的 1/3，其余部分用透明唇彩进行涂抹。一可显嘴唇小；二可显年轻。

（6）腮红

夏天的腮红可以省略。如果要用请选择淡粉色为宜。

2. 造型

夏季日妆造型如图 8-2-3、图 8-2-4 所示。

图 8-2-3　夏季日妆造型 1

图 8-2-4　夏季日妆造型 2

模特特征分析：同春季日妆模特分析。

（三）秋季日妆

秋季是凋零的季节，会显得沉闷，因此可在配色上选择大胆的撞色造型，给自己也给别人提亮心情。

1. 化妆要领

（1）基础妆容

粉底应选择粉底液和粉底膏为宜。秋天皮肤易干燥，上妆前一定要做好保湿措施，最后以上定妆粉为宜。

（2）脸型修饰

脸型修饰可进行内外轮廓晕染。

（3）眼部妆容

眼影：可选用大地色系的眼影色。也可以选用墨绿、深蓝、酒红等色彩进行晕染，突出成熟、大方的感觉，显得比较有气场。

眼线：秋天适宜用黑色的眼线液或者眼线膏涂抹，可适当加深或加宽甚至加长。

睫毛：使用自然卷翘和加长加密型睫毛膏来涂抹。

（4）眉毛

眉毛适合使用棕色、灰色或者灰黑色眉笔或者眉膏进行描画，同时使用眉粉，会显得眉毛更立体。

（5）嘴唇

可使用固体唇膏涂抹，可选大红色、深红色、棕红色等热烈的颜色。建议多使用哑光色的唇膏。

（6）腮红

秋天可使用橙红色或者紫红色腮红。

2. 造型

秋季日妆造型如图 8-2-5、图 8-2-6 所示。

图 8-2-5　秋季日妆造型 1

图 8-2-6　秋季日妆造型 2

模特特征分析：同春季日妆模特分析。

（四）冬季日妆

当气温越发地变低，妆容的厚度在此时给人的视觉感受也就越发强烈了。所以冬季的面部妆容一定要冷艳，但切忌给人留下艳俗的印象。整体妆容要符合空乘人员的职业特点，并随时散发优雅、婉约的气质。

1. 化妆要领

（1）基础妆容

粉底应以粉底液和粉底霜为宜。

（2）脸型修饰

脸型修饰应该突出面部的立体感。

（3）眼部化妆

眼影：可以选用大地色系、红色、黑色、棕色、金棕色、深紫色等色彩进行晕染，突出冷艳的感觉。

眼线：适宜用黑色的眼线液或者眼线膏涂抹。

睫毛：使用自然卷翘和加长加密型睫毛膏来涂抹。

（4）眉毛

眉毛可选用灰黑色或者深棕色进行描画。

（5）嘴唇

嘴唇可选用固体唇膏，颜色可选用大红、深红、棕红等。

（6）腮红

腮红应以大红色、玫瑰红、棕红为主。

2. 造型

冬季日妆造型如图8-2-7、图8-2-8所示。

图 8-2-7　冬季日妆造型 1　　　　　图 8-2-8　冬季日妆造型 2

模特特征分析：同春季日妆模特分析。

二、晚妆

晚妆一般也被称为宴会妆，是彩妆的一种。因一般为夜间活动而化，因此被称为晚妆。化妆浓重而立体是晚妆的最大特点。

（一）冷妆

1. 化妆要点

（1）粉底

粉底应以粉底霜为宜。

（2）脸型修饰

脸型修饰应突出面部及五官的立体感。

（3）眼部化妆

眼影：可选用深紫色、蓝紫色、深蓝色等色彩进行晕染。

眼线：可选用黑色的眼线膏、眼线液描画，并适当增加宽度和眼尾的长度。

睫毛：用浓密、加长、卷翘型睫毛膏进行涂抹之后，最好佩戴假睫毛。假睫毛佩戴注意事项：需紧贴睫毛根部进行粘贴。

（4）眉毛

眉部可以选择黑色眉笔进行涂抹。

（5）嘴唇

唇部用固体唇膏涂抹，可选用玫红色、紫红色。

（6）腮红

腮红以玫瑰红、浅粉为主。

2. 造型

晚妆的冷妆造型如图8-2-9、图8-2-10所示。

图8-2-9　晚妆冷妆造型1　　　　　图8-2-10　晚妆冷妆造型2

模特特征分析：此模特属菱形脸，肤质娇好，肤色白皙，五官立体，发色为黑色。

（二）暖妆

1. 化妆要点

（1）粉底

粉底应以粉底霜为宜。

（2）脸型修饰

脸型修饰应突出面部及五官的立体感。

（3）眼部化妆

眼影：可选用金色、棕色、黑色等大地色系或者酒红色等进行晕染。

眼线：可选用黑色的眼线膏、眼线液描画，并适当增加宽度和眼尾的长度。

睫毛：用浓密、加长、卷翘型睫毛膏来涂抹之后，最好佩戴假睫毛。假睫毛佩戴注意事项：需紧贴睫毛根部进行粘贴。

（4）眉毛

眉部可以选择褐色或者深咖色眉笔进行涂抹。

（5）嘴唇

唇部用固体唇膏涂抹，可选用大红色、橙色、桃红色等。

（6）腮红

腮红以橙色为主。

2. 造型

晚妆的暖妆造型如图 8-2-11、图 8-2-12 所示。

图 8-2-11　晚妆暖妆造型 1　　　　　图 8-2-12　晚妆暖妆造型 2

模特特征分析：暖妆模特同冷妆模特分析。

三、女性职业妆

职业妆的特点是稳重却不失亲和力，在面部妆容及服装搭配上颜色不宜过多。一般职业妆颜色以蓝色和红色居多。

（一）蓝色制服职业妆

1. 化妆要点

（1）粉底

粉底应选择细腻质感较好的粉底液。

（2）脸型修饰

脸型修饰可适当地作外轮廓的晕染，颜色不宜过浓。

（3）眼部化妆

眼影：蓝色制服颜色偏冷，选择眼影颜色时虽然要考虑与之协调的冷色调，但是不宜选择过冷的色调，例如蓝色系、紫色系，会给人以距离感，让自己看起来缺乏亲和力。可以选择棕红色的眼影色，但是棕红色本身会使亚洲人的眼皮显得更加浮肿，所以可以在眼尾处加少许黑色眼影，以收敛浮肿效果。也可使用大地色系。

眼线：可选用黑色的眼线膏、眼线液描画，注意不要画得过于夸张。

睫毛：用自然卷翘型睫毛膏进行涂抹。

（4）眉毛

眉毛可选择深棕色或者灰色眉笔进行涂抹。

（5）嘴唇

唇部用固体唇膏涂抹，可选用玫红色、紫红色、桃红色等。

（6）腮红

腮红以浅粉色为首选。

2. 发型

蓝色制服职业妆发型如图 8-2-13、图 8-2-14 所示。

图 8-2-13　蓝色制服职业妆发型 1　　　图 8-2-14　蓝色制服职业妆发型 2　　　图 8-2-15　蓝色制服职业妆造型

3. 造型

蓝色制服职业妆造型如图 8-2-15 所示。

（二）红色制服职业妆

1. 化妆要点

（1）粉底

粉底应选择细腻、质感较好的粉底液。

（2）脸型修饰

脸型修饰可适当地作外轮廓的晕染，颜色不宜过浓。

（3）眼部化妆

眼影：红色制服颜色为暖色系，但是选择眼影颜色时不宜选择偏暖色系的色调，也不能使用蓝色系、绿色系的冷色调，否则会产生不协调感。可以选择红色系眼影与黑色搭配

使用，在内眼角使用红色眼影晕染，外眼角使用黑色眼影晕染。使眼部色彩看起来干净且不失立体感。也可以使用大地色眼影。

眼线：可选用黑色的眼线膏、眼线液描画，注意不要画得过于夸张。

睫毛：用自然卷翘型睫毛膏来涂抹。

（4）眉毛

眉毛可选择深棕色眉笔进行涂抹。

（5）嘴唇

唇部用固体唇膏涂抹，可选用大红色、紫红色、橙红等。注意不要使用淡色系的口红，否则会被服装的红色映衬得黯淡无光。

（6）腮红

腮红以粉红色为首选颜色。

2. 发型

红色制服职业妆发型如图 8-2-16、图 8-2-17 所示。

图 8-2-16 红色制服职业妆发型 1　　图 8-2-17 红色制服职业妆发型 2　　图 8-2-18 红色制服职业妆造型

3. 造型

红色制服职业妆造型如图 8-2-18 所示。

四、男士职业妆

男性空中乘务人员的化妆多用于职业交往中。

（一）化妆要点

1. 粉底

使用 CC 霜或者质地好的粉底液即可。

2. 脸型修饰

脸型修饰应突出面部的立体感，尤其是鼻梁的高挺。

3. 眼部化妆

只需要用眼线笔稍带画过之后用手指晕染一下，可显得自然。

4. 眉毛

要突出眉形，如果眉毛毛量不够浓密，可用灰色眉粉进行适当晕染。

5. 嘴唇

用固体唇膏涂抹，一般选无色或者肉粉色。

6. 腮红

腮红应以棕红色为主。

（二）造型

男士化妆造型如图 8-2-19 所示。

图 8-2-19 男士化妆造型

模特特征分析：模特皮肤呈古铜色，肤色健康、肤质较好，眉型好但是眉尾毛量稍有欠缺，五官立体感强，但是下颚偏宽。

项目三　民航服务人员的形体与基本礼仪姿态塑造

航空服务礼仪实质上就是一种行为规范，是指民航服务人员在机场、安检、飞机上的服务工作中应遵守的行为规范。其具体是指民航服务人员在对旅客的各服务环节中，从在机场办理登记、安检、客舱迎接旅客登机、与旅客的沟通，到飞机飞行中的供餐、送饮料，

为特殊旅客提供特殊服务等都有一整套航空服务人员的行为规范准则。

一、民航服务人员的形体要求

图 8-3-1　民航服务人员的形体要求

形体仪态的基本要求：举止端庄稳重、落落大方、自然优美，如图 8-3-1 所示。

美国心理学家梅拉比安曾经提出过一个非常著名的公式：

人类全部的信息表达＝ 7％语言 +38％声音 +55％体态语

由上式可知，通过一个人的常态仪态，可以了解其个人素质和思想感情。这种了解，往往比通过其语言所进行的了解更加值得信赖。

要做到更为有效地运用自身的体态语，民航服务人员需要注意三个问题：

其一，应当增强自己正确运用体态语的自觉性。

其二，应当提高本人的体态语与自己的社会角色以及所处情境的对应性。

其三，应当使本人体态语的运用有益于表明自尊与敬人之意。

仪态的美是一种综合之美、完善之美，是身体各部分器官相互协调的整体表现，同时也包括了一个人内在素质与仪表特点的和谐。仪表，是人的外表，一般包括人的容貌、服饰和姿态等方面。仪容，主要是指人的容貌，是仪表的重要组成部分。仪容仪表是一个人的精神面貌、内在素质的外在体现。一个人的仪表仪容往往与其生活情调、思想修养、道德品质和文明程度密切相关。

（一）民航服务人员的服装礼仪

图 8-3-2　民航服务人员的服装礼仪

民航服务人员的服装礼仪如图 8-3-2 所示。

①工作时要穿工作制服，不要太随意，工作制服可以提高民航企业形象和个人气质。要注意领子和袖口上的洁净，注意保持工装的整体挺括。穿工装时要注意检查扣子是否齐全，有无松动，有无线头，污点，等等。

②鞋子是工作服的一部分，在工作等正规场所要穿西装、皮鞋，一定要保持皮鞋的干净光亮。不要穿白色线袜，或露出有破洞的袜子。男职员的袜子颜色应与鞋子的颜色和谐，通常以黑色最为普遍。女职员应穿与肤色相近的丝袜。

③要佩戴好工作证。穿工作服要佩戴工作证，无论是哪一个具体部门的员工，均应将工作证端正地佩戴在左胸上方。

（二）民航服务人员的仪容仪表礼仪

外貌修饰是个人仪表美的重要组成部分之一，其包括头发、面容、颈部及手部等部位的修饰。

①职业妆上岗，以使个人的五官更精神。但严禁浓妆艳抹，如口红的颜色以及香水的气味等。

②美白要自然，要注意颈部的肤色。

③头发，不要披肩散发，长发上班时间要盘起。

④不留长指甲，勤洗手，并保持个人卫生。

二、民航服务人员的基本礼仪姿态

航空服务人员的仪态礼仪素质体现在方方面面，其中最为重要的是站姿、坐姿、行姿、蹲姿。

（一）站姿

站立姿势，又称站姿或立姿。它是人们平时所采用的一种静态的身体造型，同时又是其他动态的身体造型的基础和起点，如图 8-3-3、图 8-3-4 所示。

图 8-3-3　站姿 1　　　　　　图 8-3-4　站姿 2

站姿是衡量一个人外表乃至精神的重要标准。从一个人的站姿，人们可以看出其精神状态、品质和修养以及健康状况，尤其对于航空服务人员来讲，站姿更是代表了一个航空公司的形象。

1. 站姿的基本要求

上体正直、头正目平、收颏梗颈、挺胸收腹、双臂下垂、立腰收臀、嘴唇微闭、表情自然。

2. 良好站姿应遵循的原则

①"直"，从下面看身体两侧对称；从侧面看，脑后、背心、后腰、臀尖、腿肚、脚

跟应在一个垂直面上。

②挺胸抬头、双肩张开、头正目平、微收下颌、挺胸收腹、顶腰、双臂自然下垂。

③呼吸的方法很重要。自然舒缓，吸气时，用意念将气息引向头顶，自我感觉躯干有被伸长的感觉；呼气时，用意念将气息沉向肾区，补足肾气，这点对于男士尤其重要。

④站立时重心应稍移向前脚掌，这样可以站得稳而不累。女乘务员在站立时两腿相靠站直，肌肉略有收缩感，大腿部不要留缝。男士两腿自然张开，但切莫过两肩。

3. 站姿禁忌

身躯歪斜、弯腰驼背、趴伏倚靠、腿位不雅、脚位欠妥、手位失当、半坐半立、全身乱动、摆弄物件。

要拥有优美的站姿，就必须养成良好的习惯，并长期坚持。站姿优美，身体才会得到舒展，且有助于健康；若看起来有精神、有气质，那么别人能感觉到你的自重和对别人的尊重；并容易引起别人的注意力和好感，有利于社交时给人留下美好的第一印象。

（二）坐姿

坐姿即坐的姿势，如图 8-3-5 所示，指的是人在就座以后身体所保持的一种姿势。坐的姿势，从根本上看，应当算是一种静态的姿势。对广大服务人员而言，不论是工作还是休息，坐姿都是其经常采用的姿势之一。按服务礼仪的规范要求，服务人员采取坐姿时首先视情况是否允许自己采用坐姿，可以，才能坐下。坐下之后，尤其是在服务对象面前坐下时，务必要自觉地采用正确的坐姿。

图 8-3-5　标准坐姿

1. 坐姿的基本要求

"坐如钟"，即坐像要像钟一样端正且面带笑容，双目平视，嘴唇微闭，微收下颌。

2. 坐姿手、腿、脚的放置应遵循的原则

①两手摆法。有扶手时，双手轻搭或一搭一放；无扶手时，两手相交或轻握或呈"八"字形置于腿上；或右手搭在右腿上，左手搭在右手背上。

②两腿摆法。凳面高度适中时，两腿相靠或稍分，但不能超过肩宽；凳面低时，两腿并拢，自然倾斜于一方；凳面高时，一腿略搁于另一腿上，脚尖向下。

③两脚摆法。脚与脚尖全靠或一靠一分，也可一前一后，或右腿放在左腿外侧。

3. 坐姿禁忌

坐姿禁忌为前俯后仰、摇腿跷脚、腿脚打颤、弓腰驼背等难看姿势。

（三）行姿

人的行走姿态是一种动态的美，航空服务人员在客舱工作时，经常处于行走的状态中（图 8-3-6、图 8-3-7）。要能给客人一种标准的动态美感，可以说是让客人得到了精神上的享受。每个服务人员由于诸多方面的原因，在生活中形成了各种各样的行走姿态，或多或少地影响了人体的动态美感，所以，通过对航空服务人员的正规训练，使他们学会正确优美的行走姿态，并运用到工作场合中去是一项非常现实的工作。

图 8-3-6　行姿 1　　　　　　图 8-3-7　行姿 2

1. 行姿的基本要求

①上身挺直、头正目平、收腹立腰、摆臂自然、步态优美、步伐稳健、动作协调、走成直线。

②走姿应遵循的原则：头正，双目平视，收颌，表情自然；肩平，双肩平稳，在摆动中与双腿的距离不超过一拳；以肩关节为轴，双臂前后自然摆动，两手自然弯曲，手臂与躯干的夹角摆幅控制为 30°～35°（前摆约 35°，后摆约 15°）；躯体上身挺直，立腰收腹，身体重心稍前倾。

③步位直：脚尖略开，脚跟前接触地面，依靠后腿将身体重心送到前脚掌，使身体前移。两脚内侧落地时，两脚落地后的轨迹要在一条直线上，要防止内"八"字或外"八"字步。步速平稳。行进中的速度应保持均匀、平衡，不要忽快忽慢，步速以 80～100/min 为宜。

2. 行姿禁忌

行姿禁忌为方向不定、横冲直撞、抢道乱行、奔来跑去、制造噪声、身体摇摆、身体僵硬、

手插口袋、外"八"字或内"八"字。

（四）蹲姿

蹲（图8-3-8）是由站立的姿势转变为两腿弯曲和身体高度下降的姿势。蹲姿其实只是人们在比较特殊的情况下所采用的一种暂时性的体态。虽然是暂时性的体态，但也是有讲究的。按服务礼仪规范要求，一般情况下在工作岗位上为顾客服务时，通常不允许服务人员采用蹲的姿势去直接面对自己的服务对象。确有必要时，应当掌握规范的正确姿态下蹲，而不可给服务对象留下不文明、不礼貌的印象。

图8-3-8 蹲姿

1. 蹲姿的基本要求

蹲姿的基本要求是下蹲时迅速、美观、大方。

2. 下蹲时应遵循的原则

①下蹲捡物时，应自然、得体、大方、不遮遮掩掩。

②下蹲时，两腿合力支撑身体，避免滑倒。

③下蹲时，应使头、胸、膝关节在一个角度上，使蹲姿优美。

④无论采用哪种蹲姿都要将腿靠紧，臀部向下。

3. 蹲姿禁忌

①弯腰捡拾物品时，两腿叉开，臀部向后撅起，是不雅观的姿态，两腿展开平衡下蹲，其姿态也不优雅。

②不要突然下蹲、不要距人过近、不要方位失当、不要随意滥用。

③下蹲时注意内衣"不可以露，不可以透"。

三、民航服务人员其他素质要求

（一）甜美的微笑

要给乘客一脸亲切的微笑（图8-3-9、图8-3-10）。民航服务人员面部表情应当将微笑放在首位，养成微笑服务的意识，微笑是民航服务人员工作的职责所在。

图 8-3-9　微笑 1

图 8-3-10　微笑 2

1. 微笑的基本要求

笑与神、情、气质相结合，笑与语言相结合，笑与仪表和举止相结合，主动微笑、自然大方微笑，掌握微笑的最佳时机和微笑维持的原则，对微笑对象一视同仁，微笑服务、热情和蔼、平等待人、尊重他人等。

2. 微笑的八大原则

①主动微笑原则。

②自然大方微笑原则。

③眼中含笑原则。

④真诚微笑原则。

⑤健康微笑原则。

⑥最佳时机的微笑原则。

⑦一视同仁原则。

⑧天天微笑原则。

3. 训练微笑的方法

（1）模拟微笑训练法

①轻合双唇。

②两手食指伸出，其余四指并拢，指尖对接，放在嘴前 15~20 厘米处。

③让两食指尖缓慢匀速地分别向左右移动，使其拉开 5~10 厘米的距离，同时嘴唇随两食指移动速度而同步加大唇角的展开度，并在意念中形成美丽的微笑，并让微笑停留数秒钟。

（2）含筷法

选用一根洁净、光滑的圆柱形筷子，横放在嘴中，用牙轻轻咬住（含住），以观察微笑状态。

（3）口型对照法

通过一些相似性的发音口型，找到适合自己的最美的微笑状态。如"一""茄子""呵""哈"等。

4. 微笑要求

微笑要求为直率而不鲁莽，活泼而不轻佻，持重而不呆板，热情而不过分，轻松而不懒散，紧张而不失措。

（二）良好的心理素质

1. 良好心理素质的体现

（1）情绪控制能力

情绪控制能力包含两个方面的内容：其一，准确认识和表达自身情绪的能力。其二，有效调节和管理情绪的能力。当飞行流量大时，有的民航服务人员保持不急不躁、不慌不忙、镇定自若、沉稳冷静的心态；有的民航服务人员心理承受能力弱，惊慌失措、思绪混乱、顾此失彼、心跳加速、额头掌心冒汗、语调失控。

（2）沟通协调能力

一个性格内向、孤僻、冷漠、敏感的民航服务人员在沟通协调方面往往比开朗、大度、坦诚、友善的民航服务人员要差得多，几乎处在两个极端。

（3）语言表达能力

语言表达能力对于民航服务人员来说尤为重要，它是和旅客进行良好沟通的关键。有了良好的沟通才能为旅客更好地服务。因此，具备良好的语言表达能力是每位民航服务人员的必备素质。

（4）良好的意志品质

良好的意志品质包括两个方面：其一是自我激励，无论身处怎样的境地，都具有将自己的热情、能力调动起来形成强大的动力思想意识，只有具备这样的思想意识，才能始终保持乐观自信，积极进取的心态。其二是具有学习、工作的浓厚兴趣，无论什么样的人处在什么样的境地，如果他对自己所从事的事情没有兴趣，他是不会主动积极地去完成这件事情的，即使有外在的压力迫使，使其不得不去做，他也不会心甘情愿地去完成任务。相反，一个人所从事的事情正是其喜欢的或是所感兴趣的，即使面临很大的困难，他也会积极地想办法去解决困难完成任务。

2. 良好心理素质的培养

根据对心理素质的阐述，其主要体现在人的情绪、意志品质、气质和性格等个性品质诸方面。其实，在诸多品质当中，最为重要的还是一个人坚忍的品质。什么是坚忍，即坚持＋忍耐。具体来说就是不受自己情绪的干扰，不受外界眼光及言论的影响，冷静从容地做自己该做的事的能力。不寄望于奇迹、不依赖于他人、不满足于平庸、不放弃诚信，把改变现状、达成目标的责任承担起来。那么，我们应如何去进行培养呢?

（1）学会克制自己的情绪

当民航服务人员在为旅客进行服务时可能会遇到一些刁蛮、说话粗鲁或是有其他举动的旅客（尤其是在航班误点的时候），这时候民航服务人员一定要克制好自己的情绪，俗话说"顾客就是上帝"，民航服务人员一定要心平气和地对待每一位旅客。

（2）要正确地认识自己和肯定自己

一个人自卑的来源有下述几个方面：一是缺乏成功的体验；二是缺乏客观公正的评估；三是自我评估偏颇。要抛弃自卑，首先要战胜自我，战胜自我的前提是必须了解自己，所谓"知己知彼，百战百胜"。为自己树立一个目标，要有坚强的信念，相信自己的能力，同时要对自己有一个科学、合理的评估。

（3）克服自己的惰性思想

不要光想不做，一个人的惰性往往像"千里之堤，溃于蚁穴"那样可怕! 无论是什么样的技巧或者方法，一定要克服自己的惰性。有时，开始做一件事，你觉得无论如何都不想做。可是又不得不做。你可以给自己一个承诺，与其放弃，不如做 15 分钟，15 分钟后再决定要不要继续下去。结果，当你做了 15 分钟后，往往会觉得要继续多做一个 15 分钟并不是件太难的事情。同理，在生活中，可将精力专注于每一天的生活，不要去忧虑明天。就这样，一天又一天，日子就在眼前滑过了。所以，我们必须克服懒惰思想，尤其作为一名民航服务人员必须克服懒惰思想。

（4）从心理学良好心理素质的几个标准方面审视自己的不足

①具有充分的适应力。

②能充分地了解自己，并对自己的能力作出适度的评价。

③不脱离现实环境。

④善于从经验中学习。

⑤能保持良好的人际关系。

⑥能适度地发泄情绪和控制情绪。

不断地依据这几个方面去审视自己的缺陷所在，提升及锻炼自己! 给自己一个坚定的自我暗示：绝不、绝不、绝不放弃；只要生命不息，我就永不放弃；成功者绝不放弃，放弃者绝不成功。

（5）多与人打交道

很多朋友害怕和陌生人接触交往，这是心理闭塞、素质欠缺的一种体现；我们应该打开心扉去接受这个世界的美好与不美好，只有这样才能够做到取其精华、去其糟粕；知道

哪些人值得深交，哪些人不值得交往；无形当中也会锻炼出自己良好的沟通交际能力和面对陌生环境的良好适应的心理素质。只有这样，在对旅客进行服务时才不会有紧张感而能够自然地面对每一位旅客的需求，不会因自己的紧张而造成失误。

民航服务人员的礼仪素质培养是适应民航现代化建设需要，服务于民航服务与管理的第一线，具有较高的礼仪素质和职业礼仪素质的民航服务人员是当今民航培养的第一目标。

【实训项目】

实训内容	操作方法	基本要求
1. 常见工作操作空间冷暖光源分类判断	1. 能判断各种常见工作空间的冷暖光源 2. 能判断身着衣服的冷暖色调区别	1. 教师须先讲解并示范正确的操作方法及规范动作 2. 分小组进行实操训练，并指导学生注意事项 3. 小组操作后需有点评
2. 冷色调妆容与暖色调妆容色彩辨别	1. 明确冷色调妆容与暖色调妆容的区别 2. 能明确眼部、唇部、腮部冷暖颜色的区别并作出正确的选择	
3. 冷暖色调与妆容色彩的搭配	1. 能熟练掌握冷色光源下妆容搭配技巧 2. 能熟练掌握暖色光源下妆容搭配技巧 3. 能熟练掌握客舱服务中的妆容搭配技巧	
4. 根据自身特点，分析日妆的春夏秋冬四季妆之间的区别	1. 能分析自身特征，为自己搭配打造四季日妆 2. 能分析小组成员特征，为至少3人搭配打造四季日妆	1. 教师须先讲解并示范正确的操作方法及规范动作 2. 分小组进行实操训练，并指导学生注意事项 3. 小组操作后需有点评
5. 根据自身特点，分析晚妆的冷色妆与暖色妆的区别	1. 能分析自身特征，为自己搭配打造冷暖两种晚妆 2. 能分析小组成员特征，为至少3人搭配打造冷色或者暖色晚妆	
6. 准备发饰，为自己打造一个合适的空乘人员的发型	1. 能熟练为自己打造一个标准的空乘人员发型 2. 能为小组成员至少3人打造空乘人员标准发型	

【知识链接】

色彩在我们的世界中无处不在。

由全球最权威色彩咨询机构 CMB 公司创始人卡洛尔·杰克逊女士发明了四季色彩理论，给全世界各国人的着装生活带来了巨大的影响。四季色彩理论最大的成功之处在于它解决了人们在装扮用色方面的一切难题。如果学会运用最适合自己的色彩群，不但能把自己独有的品位和魅力最完美、最自然地呈现出来，还能因为通晓服饰间的色彩关系而节省装扮时间、回避浪费，在任何重要时刻和场合装扮出最漂亮的自己。它涉及你的最佳化妆色、发色、首饰、眼镜、丝巾、鞋、包、腰带、丝袜等。

俗话说"远看色，近看花"，也就是说当人们在远处看到一件服装时，最先映入眼帘的是服装的色彩，走近了才能看清服装的花型。

色彩在着装外形中占80%的直观印象，找到了适合自己的颜色就找到了属于自己独特的美丽密码。

【思考与练习】

1.分别在冷光源和暖光源下着冷色调制服和暖色调制服练习化妆，并拍下照片做对比，感受一下两者的区别所在。

2.根据自身特点及职业要求，完成穿不同颜色制服时的职业妆。

3.根据自身特点，完成3种以上的生活妆及晚妆的造型。

参考文献

［1］刘科，刘博.空乘人员化妆技巧 [M].上海：上海交通大学出版社，2012.

［2］贾芸，洪玲.实用职业化妆技巧 [M].武汉：武汉理工大学出版社，2014.

［3］李勤.空乘人员化妆技巧与形象塑造 [M].2 版 .北京：旅游教育出版社，2010.

［4］张号全，梁秀荣.航空职业形象 [M].北京：化学工业出版社，2015.

［5］张伶俐，梁秀荣.未来空姐面试指南 [M].北京：中国民航出版社，2004.

［6］熊茵.形象设计 [M].北京：高等教育出版社，2014.

［7］周生力.形象设计概论 [M].北京：化学工业出版社，2008.

［8］东华大学继续教育学院 .服装形象设计 [M].北京：中国纺织出版社 ,2012.

［9］顾筱君.21 世纪形象设计教程 [M].北京：机械工业出版社，2005.

［10］洪玲.航空服务专业的职业素质体现 [J].当代经济，2009（19）.

［11］赵泓森.发型设计及其主要特征 [J].大众文艺，2013（4）.

［12］赵巍.全球航空市场格局综述——中国民航的喜与忧 [OL].民航资源网，2015-03-05.